定西水保科研60年

——纪念定西市水土保持科学研究所60周年文集

（1956~2016）

甘肃省定西市水土保持科学研究所　编

黄河水利出版社

·郑州·

图书在版编目（CIP）数据

定西水保科研60年：纪念定西市水土保持科学研究
所60周年文集：1956～2016 ／ 甘肃省定西市水土保持
科学研究所编. — 郑州：黄河水利出版社，2016.8
　　ISBN 978 - 7 - 5509 - 1508 - 4

　　Ⅰ.①定…　Ⅱ.①甘…　Ⅲ.①水土保持–文
集　Ⅳ.①S157–53

中国版本图书馆CIP数据核字（2016）第183671号

出 版 社：黄河水利出版社
　　　　地址：河南省郑州市顺河路黄委会综合楼14层　邮编：450003
发行单位：黄河水利出版社
　　　　发行部电话：0371－66026940、66020550、66028024、66022620（传真）
　　　　E–mail：hhslcbs@126.com
承印单位：河南省瑞光印务股份有限公司
开本：787 mm×1 092 mm　1／16
印张：17
字数：280千字　　　　　　　　　　　　　印数：1—1 000
版次：2016年8月第1版　　　　　　　　　印次：2016年8月第1次印刷

定价：288.00元

1982 年 9 月，时任甘肃省省委书记李子奇视察水保站苗圃基地

1983 年 10 月，时任定西地委书记韩正卿参加水利水保会议

甘肃省原副省长路明来水保所考察育苗基地

水利部副部长刘
宁视察流域治理工作

定西市委书记张令平视察生态建设工作

定西市人大常委会主任马虎成检查山区水土
保持工作

定西市市长唐晓明参
加义务植树活动

定西市政协主席成柏恒检查舍饲养殖工作

定西市委副书记郑红伟检查水土保持项目建设执行情况

定西市副市长张懿笃检查流域综合治理工作

定西地区行政公署原专员张
继武来水保所检查雨水利用工程

定西地区行政公署原副专员
张乃视察水保站育苗基地

水利部水土保持司刘震司长检查淤地坝工程

水利部水土保持监测中心主任郭索彦检查指导安家沟典型监测站工作

水利部水土保持监测中心监测处处长李智广检查综合典型监测站工作

水利部水土保持司原司长郭廷辅来水保所考察

甘肃省水土保持局局长姚进忠在龙滩流域检查指导水土保持监测工作

甘肃省水土保持局原局长马劢烈指导工作

甘肃省水土保持局
原局长尚祯检查水土保
持项目

定西地区水利水保
处原处长侯新民检查指
导工作

定西市水土保持局局长
郭荣祥督查科研基地建设

定西地区水土保持工作总
站原站长马根林检查流域治理
和梯田建设情况

定西地区水土保持工作总站
原站长景亚安指导水土保持监测
设施建设工作

定西市水保局原局长雷长丁主持研究水土保持科技工作

定西市水土保持局原局长汪永刚检查指导水土保持监测设施建设工作

定西市水土保持局原局长张亚勤检查指导水土保持科研工作

中国科学院院士孙鸿烈调研定西水土保持生态建设工作

中国科学院水利部水土保持研究所山仑院士视察安家沟流域

中国科学院生态环境研究中心傅伯杰院士视察龙滩流域

《定西水保科研 60 年》
编纂委员会

主　任：郭荣祥

副主任：陈怀东　陈　瑾

委　员：李旭春　王小平　乔生彩　李弘毅

《定西水保科研60年》
编辑委员会

主　　编：陈　瑾

副主编：董荣万　乔生彩　王小平

成　　员（按姓氏笔画排序）：

马　燕　王　琨　刘向红　刘宏斌

李弘毅　李旭春　李登贵　李永明

张佰林　张金昌　张金铭　林桂芳

鱼海霞　赵金华

插　　图：林桂芳

校　　审：李旭春　李弘毅

序

一

在全市上下深入开展"两学一做"学习教育活动、巩固拓展"三严三实"专题教育成果、全面落实"十三五"规划、全力推进精准扶贫、精准脱贫的关键时期，定西市水土保持科学研究所迎来了 60 华诞。借《定西水保科研 60 年》纪念文集的付梓出版，致以衷心的祝贺！

历史上的定西，林市丰茂，黍谷丰盈，民谣里有"风吹草低见牛羊"的咏唱，史书里有"天下富庶莫如陇右"的记载。但是到了近代，由于战乱和垦荒，这里沟壑纵横，梁峁起伏，植被稀疏，黄土裸露，水土流失非常严重，水旱灾害连年发生，成为"苦瘠甲于天下"的贫瘠之地。新中国成立以来，定西的苦瘠和贫穷，引起了中国政府乃至全世界的高度关注，受到党和国家领导人的关怀与重视。20 世纪 50 年代，以治理黄土高原为重点，水利部、中国科学院和黄河水利委员会在黄河中游地区组织了三次大规模的水土流失考察和查勘工作，基本摸清了黄河流域包括定西地区的水土流失状况，以黄河支流为单元提出了勘查报告，作出了较为完整、系统的黄河流域水土保持区划。此后各省区相继开展了水土保持试点，建立了水土保持推广站，定西市水土保持科学研究所的前身——定西水土保持工作推广站农林牧试验场就是在这个时候建立的。定西水土保持工作推广站是我省最早的水土保持科研机构，建站后对辖地水土流失形成的主要因子进行了观测，对水土流失的规律进行了探讨，在总结群众经验的基础上，试验推广了水土保持治理技术。

60 年来，定西市水土保持科学研究所虽然在辖属关系和级别层次上发生了多次变换，但是在担当使命、履行职责上始终未变，她立足西北、扎根黄土一甲子，一直坚持研究方向不变，队伍不散，节律不乱，围绕水土流失治理、生态环境建设中的重大科学问题，用执着的追求和不息的实践，积累资料，潜心研究，取得了重要突破和大量成果。60年来，先后承担完成了国家级、省部级、地市级各类科研项目和课题160多项。在取得的科技成果中，达到国际先进水平5项，国内领先15项，国内先进12项；获国家实用新型专利1项，省科技进步奖9项。1992年和2009年先后获得了"全国水土保持先进单位""全国水土保持监测先进单位"荣誉称号。

定西市水土保持工作得到了党和政府的亲切关怀和大力支持，党和国家领导人、中央有关部委领导、省委省政府领导、著名专家学者以及世界上32个国家的行政官员和国际友人共3 600多人来视察、参观、交流水土保持工作。中国工程院山仑院士、中国科学院傅伯杰院士先后到安家沟流域和龙滩流域考察，中国科学院生态环境研究中心城市与区域生态国家重点实验室主任、中国生态学学会秘书长陈利顶先生长期驻所开展科学研究工作，给广大科研人员以巨大的精神鼓舞。

在定西市水土保持科学研究所成立60周年之际，编纂出版《定西水保科研60年》一书是一件喜事，该文集比较完整地反映了定西市水土保持科学研究所60年的发展历程，充分展示了60年来我市水土保持科学研究工作取得的巨大成就，这对于今后开展水土保持工作、生态文明建设、精准扶贫、全面小康建设都有着重要的现实意义。

欲见江山千里秀，先保大地一寸土。站在新的历史起点上，在全面建成小康社会伟大征程上，定西市水土保持科学研究所将以更加丰富的科技成果、更加有力的科技支撑、更加有效的科技服务，为我市经济社会和各项事业发展做出更大的贡献！

中共定西市委副书记　郑红伟

序二

　　2016 年，定西市水土保持科学研究所迎来了自己的 60 华诞。定西市水土保持科学研究所自 1956 年建立以来，全体水土保持科技工作者白手起家，艰苦奋斗，在陇中贫瘠的土地上，针对严重的水土流失问题，开展了水土流失规律、流域科学规划与综合治理等方面的探索和研究，取得了丰硕的科研成果，为改变我市贫穷落后的面貌提供了科学指导与服务。全市水土流失严重的状况得到初步遏制，生态环境得到恢复，农民生活得到改善。走在今天的陇中大地，昔日荒凉贫瘠、千沟万壑的黄土高原呈现出植被葱翠、草市繁茂、塘坝澄澈的美丽景观。这些变化，离不开水土保持科研工作者付出的辛劳和智慧。

　　定西市的水土保持工作是展示定西市经济社会发展的一个窗口和一张名片，受到了全国乃至世界的注目，被认为是人类在极其恶劣的条件下创造的人间奇迹。水土保持科学研究所同样是这些奇迹的创造者和参与者。在 60 年的奋斗历程中，他们一代接一代，默默无闻、聚精会神、潜心研究，不论是在 20 世纪五六十年代的定西水土保持工作推广站时期，还是在改革开放以后的定西地区水土保持科学试验站时期，乃至 21 世纪的定西市水土保持科学研究所时期，他们都没有忘记自己担负的使命，矢志不渝地坚持水土保持应用技术的开发研究。在长期的科学研究过程中，形成了不畏艰难、开拓创新、无私奉献的定西水保科研精神，不断提升着自主创新能力和科技服务能力。

　　仅在 1982 年至 2016 年，定西市水土保持科学研究所完成科学研究、科技示范项目43项，完成技术推广和技术服务117项。取得科技成果36项，其中达到国际先进水平5项，国内领先15项、国内先进12项，省内领先1项、省内先进2项，获国家实用新型专利1项；获省科技进步二等奖6项、三等奖3项，获地（厅）级科技进步一等奖5项、二等奖11项、三等奖8项；获市科技发明二等奖1项。发表科技论文138篇。

在定西市水土保持科学研究所成立60周年之际，组织人员编选《定西水保科研60年》文集，在广泛征集资料，严谨考证推敲的基础上，精选了60年来科技人员在各级各类刊物发表的科研论文、课题研究成果和制定的项目规划报告，比较全面、系统地再现了定西市水土保持科学研究所的奋斗历程和辉煌成就，我认为这是一件非常有意义的事情。这是对我市水土保持科技人员精神风貌的一部写真和宣传，是为定西市水土保持科学研究所60华诞献上的一份厚礼，也是对60年来关心和支持定西水土保持事业的各级领导、专家学者的一种感念和承载。

愿定西市水土保持科学研究所在精准扶贫的主战场上，再接再厉，不断创新，释放新的能量，取得新的成绩！

是为序。

定西市人民政府副市长

关于落实生产建设项目水土保持措施的思考

　　生产建设项目水土保持措施建设是水土保持方案确定的重点内容，是我国《水土保持法》和《甘肃省水土保持条例》赋予生产建设单位应当履行的法律责任与义务。2015年6月，为适应行政审批制度改革的要求，甘肃省适度调整水土保持方案编报范围，要求征占地面积在 5 hm² 以上或者挖填土石方总量在 5 万 m³ 以上的生产建设项目编报水土保持方案报告书，其他项目编报方案报告表。这一政策措施的实施，对规范方案编制、提高方案审批效率发挥了重要作用。自1991年我国《水土保持法》颁布实施以来，截至2015年底，全省累计审批各类生产建设项目水土保持方案（表）9 930 个，其中省级审批 896 个、市县级审批 9 034 个；涉及水土流失防治责任范围 24.1 万 hm²，水土保持方案总投资 156.65 亿元，设计拦挡弃渣（土）8.55 亿 m³。

　　1. 推进生产建设项目落实水土保持措施的主要做法

　　落实水土保持措施的核心是推动水土流失防治由事后治理向事前保护转变，遏制人为造成水土流失的发展趋势。近几年，甘肃省在推进水土保持措施落实方面主要抓以下 4 个方面的工作：

　　（1）抓住重点环节。围绕方案审批、后续设计、监测监理、监督检查和设施验收等重点环节督促方案落实。通过完善管理制度，规范工作程序，靠实工作责任，明确时间节点，督促生产建设单位认真实施水土保持措施。积极开展了水土保持监理、监测，据统计，部、省审批的生产建设项目 98% 以上开展了水土保持监理、监测，市县审批的项目开展水土保持监理、监测的约 80%。水土保持措施建设任务完成后，及时组织专家进行了专项验收。

　　（2）加强日常监管。建立了方案报告制度，督促生产建设单位定期报送项目建设进度，及时掌握水土保持措施落实情况；建立了沟通协调机制，基层水保部门遇到行政干扰大、监管有难度的生产建设项目，由上一级水保部门依法进行监督；充分发挥技术服务单位的作用，通过水土保持监理、监测等技术服务单位，监督、指导生产建设单位认真落实水土保持措施。

（3）组织专项检查。建立联动机制，每年组织两次各级水土保持监督管理部门开展专项检查，摸清家底、分类施策。2015年初，我们把省级审批的462个未完成水土保持设施验收任务的生产建设项目全部分解到省、市、县三级水保部门，靠实责任，突出重点，组织开展了一次地毯式、拉网式的全面检查，对检查中发现的问题，逐一向生产建设单位提出限期整改的书面意见。

（4）开展执法检查。2015年8月初，联合省人大对嘉峪关、酒泉、张掖三市贯彻落实水土保持"一法一条例"情况开展了执法检查，联合市、县政府及发改、财政、国土、建设等部门，先后检查了西气东输三线工程、新建铁路兰州至乌鲁木齐第二双线工程等9个生产建设项目。开展执法检查，对督促各级政府及有关部门加强水土保持工作、监督生产建设单位落实水土保持措施起到了重要作用。

2. 取得的主要成效

通过加强监督管理，各生产建设单位更加重视水土保持工作，认真实施水土保持措施，落实水土保持方案管理制度。

（1）方案编报率稳步提高。目前，省级立项审批的大中型生产建设项目在项目前期阶段都能委托有资质的单位编制水土保持方案，并报水行政主管部门审批，水土保持方案申报率已接近100%，市、县立项审批的小型生产建设项目水土保持方案审批率也达到80%以上，为及时、科学和有效防治生产建设活动造成的人为水土流失奠定了基础。

（2）措施实施率明显提高。绝大多数生产建设单位特别是大中型生产建设项目在建期间都能按照批复的水保方案优化施工工艺，采取防尘网苫盖、彩钢板围挡、洒水等措施进行临时防护。在取土场、弃渣场设置了挡渣墙、截（排）水工程进行防治。工程完工后，对取土场、弃渣场进行整治后恢复成农田或采取乔灌草相结合的方式绿化，有效控制和减少了水土流失。同时，通过水土保持工程监理和监测，提高了工程质量，规范了水土流失防治活动，扭转了重审批、轻实施的被动局面。

（3）设施验收率逐步提高。截至 2015 年底，全省有 1 875 个生产建设项目完成了水土保持措施建设任务。近两年，我们通过跟踪落实水保方案执行情况，加大水保设施验收力度，使省级验收水保设施的生产建设项目数量逐年增加。2015 年，完成水土保持设施验收任务的项目数量首次超过审批项目数量，涉及交通、电力、资源能源开发等多个行业。

（4）防治效果初步显现。水土保持措施的落实，取得了明显的防治效果，黄河、长江流域生产建设项目扰动土地整治率达到 95% 以上，水土流失总治理度达到 85% 以上，土壤流失控制比达到 0.7 以上，拦渣率达到 95% 以上，林草植被恢复率达到 95% 以上，林草覆盖度达到 20% 以上，六项水土流失防治指标达到了《开发建设项目水土流失防治标准》。河西内陆河流域侧重于水土保持工程措施和临时防护措施建设及实施。

3. 几点建议

虽然我们在落实生产建设项目水土保持措施中采取了一些办法、取得了一定成绩，但还存在一些问题：一是落实水土保持措施的情况与法律法规的要求还有差距。部分生产建设单位水保意识淡薄，水土保持措施不到位、资金不到位，临时防护措施不到位的现象仍然存在。二是落实方案重大设计变更报批制度还不到位。有的生产建设项目施工期水土保持措施发生重大变化，但没有及时履行变更设计报批手续。三是水土保持设施验收制度落实得还不够。市、县审批水土保持方案的小型生产建设项目验收率相对较低。四是监督管理能力还有待提高。特别是市、县监督管理力量薄弱，能力和水平急需提高。

今后，我们要深入贯彻落实"一法一条例"，以生产建设项目水土保持方案审批、实施、监督检查、设施验收和补偿费征收为重点，扎实推进监督管理各项工作，努力提高依法行政水平。着重抓好以下工作：

（1）抓好学习宣传。提升水土保持法律法规宣传的亲和力、感染力和吸引力。突出重点，创新方式，注重实效。在宣传中执法、在执法中宣传，进一步增强生产建设单位履行水土保持法律责任的自觉性。

（2）加大督察力度。配合流域机构做好部批大型生产建设项目的监督检查。加强中、小型生产建设项目的跟踪检查，做到不缺不漏、全面覆盖。对违法违规的生产建设项目，发现一起、查处一起，达到查处一件、教育一片的效果。创新机制，增强活力，建立行业内部上下联动，各级人大、政府有关部门互动的监督检查长效机制，提高监督检查成效。

（3）强化审批管理。完善水土保持方案审批管理，规范审批程序，提高审批效率。严格技术审查，提高审查质量，确保方案精准、措施可行，增强方案的指导性和可操作性。加强与发改、环保等相关部门的沟通协作，在方案审批和设施验收中联合把关，形成合力，确保水土保持措施全面落实。

（4）加强能力建设。通过多种形式的学习培训，提高监督管理人员的业务素质和依法行政水平。重视执法设备、装备配置，加强方案编制、监测、监理、技术评估及评审专家的培养和筛选，切实提高从业人员素质。

甘肃省水土保持局局长、教授级高级工程师　姚进忠

注：该文章原载于《中国水土保持》2016年第4期。

立足新起点　谋求新跨越
为全市水土保持生态建设提供科技支撑

　　定西市水土保持科学研究所组织编纂的《定西水保科研 60 年》，是市水土保持科学研究所成立以来从事水土保持科学研究和服务全市水土保持生态建设工作的缩影，从不同侧面集中反映了水土保持科学研究工作的发展历程和沧桑巨变，全面、系统、翔实地记载了全所干部职工在各级党委、政府、业务主管部门的坚强领导和关怀支持下，发扬"三苦"精神、改造山河、治水保土的伟大壮举，凝结着全体水土保持科学研究工作者的心血和汗水，承载着广大人民群众的期待和梦想，实为反映我市水土保持科学研究工作图文并茂的一部好文集。

　　建所 60 年来，先后承担完成了国家级、省部级、地市级各类科研项目和课题 160 多项，完成技术推广和技术服务 117 项，取得科技成果 36 项，发表科技论文 138 篇。1992 年和 2009 年先后获得了"全国水土保持先进单位""全国水土保持监测先进单位"荣誉称号。其发展历程主要经历了以下三个阶段：

　　第一阶段，建所初到 20 世纪 70 年代末期的探索试验时期。主要是研究市地区的水土流失规律，寻求效果好和成本低的水土保持技术，以及小流域内水土资源的最佳利用和管理方案，为水土保持提供先进技术和解决群众实践中遇到的理论与技术问题。以安家沟流域为基地，开展了坡耕地径流小区试验，林木、牧草品种的引种对比观察和其他农林改良土壤措施的小区对比试验工作，为广大山区做好水土保持、发展生产提供了科学依据和技术支撑。

　　第二阶段，20 世纪 80 年代初至 90 年代末期的研究推广时期。从半干旱地区小流域不同侵蚀部位、不同季节、不同土层土壤水分运动变化规律入手，在水土保持措施对位配置、雨水利用等研究领域取得了一系列研究成果。积极与市县职能部门协作，加快技术成果转化，不断提高水土保持生态环境建设的质量和水平，为半干旱地区不同地形部位治理措施的对位配置提供了可靠依据。

第三阶段，21世纪初至今的总结提升、综合发展时期。不断加强与省内外科研院所合作力度，研究领域进一步拓展，在水土保持和生态环境建设的区域性、战略性、综合性研究方面取得了较大进展。以安家沟、龙滩流域为基地，强化定位监测与试验示范研究，为水利部水土保持监测中心和全社会提供数据、信息。同时，积极发挥科技人才优势，服务当地生态环境建设，参与完成了黄土高原淤地坝建设坝系工程可研报告、单坝初步设计、小流域综合治理规划设计、生态修复、集雨节灌工程设计、生产建设项目水土保持方案编制等多项工程设计任务，为定西市及周边地区水土保持生态环境建设提供了优质的技术服务。

但必须看到，定西依然是一个水资源匮乏、水土流失严重、生态环境酷劣的贫困地区，水土保持生态环境建设工作任重而道远。要与全省、全国同步实现小康，打造"天蓝、地绿、水净"的美丽新定西，必须依靠科技进步的强力支撑。为此，我们要认清当前新形势、主动适应新常态、抢抓难得历史机遇、科学研判未来走势，探索和破解制约我市水土保持科学研究工作发展的困境和难题。要进一步加强与中国科学院生态环境研究中心、甘肃省林业科学研究院、兰州大学、甘肃农业大学等单位和高校的联系，谋求建立一种长期稳定的协作关系，提高科研水平，着力解决我市水土保持生态建设中的关键技术和重点、难点问题；要将水土保持科学研究工作主动融入改革、经济、社会发展的大潮中，围绕精准脱贫要求，在助推农村经济发展、增加农民收入上动脑筋、想办法、探路子；要围绕水土保持在改善基础条件、保护自然生态、促进城乡协调发展、全面建成小康社会中的基础性作用，找准主攻方向，明确工作重点，以更高的要求和视点不断推进水土保持生态建设健康发展。

定西市水土保持局党组书记、局长 郭荣祥

二〇一六年七月

前言

　　定西市水土保持科学研究所走过了 60 年的光辉历程。1956 年 9 月 16 日起，汇聚了来自全国四面八方的优秀学子，为创造黄土高原秀美山川，奉献着自己的青春。有些同仁，奉献了青春献终生，奉献了终生献子孙。把自己的理想，钉在了定西水土保持科学研究所，钉在了贫穷落后的定西，钉在了黄土高原，创造了可歌可泣的定西水土保持科技发展的历史，创造了美丽的生态环境，写下了波澜壮阔的人生篇章。我们作为改革开放后成长起来的一代水土保持科技工作者，在前辈的感召下，把自己也置身到轰轰烈烈的水土保持生态环境建设的战场中，也在燃烧着自己、奉献着自己，也取得了一定的成绩。老一辈水土保持科技工作者的人生和业绩，激励着我们前进，使我们受益匪浅。为了记住老一辈水土保持科学研究所的建设者、水土保持科技的创造者和传播者的历史贡献，也为了激励后来者奋发图强，一代接一代为我们的生态环境建设做贡献，经过两年的收集、整理，出版《定西水保科研 60 年》文集。旨在把这些历史记录下来，传播出去，发扬光大。

　　文集中首先收集、记录了各级领导关怀水土保持事业的图片，以示党和国家对水土保持事业的重视与支持。没有这些重视与支持，水土保持科学研究就不可能有现在的局面。所以，这一部分必不可少。

　　文集记录的人和事，主要以发生时间的先后顺序编排，收集了在现有条件下能够收集到的所有资料和信息。有些人和事的信息，由于资料的散失，难以收集和编录，有可能没有完全反映人和事的全貌。

我们尽可能录入协作单位的人和协作项目，把先后与我们合作，给予我们关心、帮助的单位录入到本文集中。

对于科技论文，我们主要收录第一作者是本单位的同志发表的文章。

人才·队伍一章，录入的主要是能联系到的20世纪80年代工程师以上的人员和目前技术职称在高级工程师以上的科技人员，还有曾经在这里工作过的具有副县级职务或具有副高职称以上的同志。对这些同志都录入了相应的简历、照片、业绩和取得的有代表性的资格证书。其他同志的相关信息，以表格的形式记录。

岁月·回眸一章，收录了相关人员的回忆录和杂文，也很有意义，或回忆过去，或有感而发，或鞭策鼓励，或提示未来，都值得细细品味。

最后收录了一些有意义的图片，记录上级领导的帮助支持和专家学者的指导，记录我们的过去，记录工作的瞬间，以便雅俗共赏，这些都是美好的记忆。

为了尊重历史，文集中的一些名词、单位名称和一些科技术语，我们在编辑时，沿用以前的状态。老同志的回忆录，也是原文引用。

文集在收集、整理、出版过程中，得到了甘肃省水保局的大力支持和精心指导。定西市水保局提供了大量的信息，进行了精心的安排。定西日报社也给予了大力支持。在此我们表示衷心的感谢。

收集整理定西市水土保持科学研究所在60年发展历程中的人才队伍、科研成果、协作攻关等信息，工作量非常大，其发展历史中还有很多令人感动的人和事。尽管我们倾尽所能，但由于条件所限，很难也不可能完全记录所有的信息，希望理解。再者由于我们能力有限，错误之处在所难免，希望读者谅解和指正。

编者
2016年8月

目 录

大事记

定西水保科研60年

1954年

1954年，黄河水利委员会为协助甘肃省中部地区开展水土保持工作，成立了定西水土保持工作推广站，隶属西北黄河工程局领导，处级建制。地址设在定西县城新市区，新建平房30余间，面积1 600多m²（现为地区水利水保处所在地）。站内设秘书科、财务科、推广科、技术科和农林牧试验场。

1955年

1955年筹备农林牧试验场，1956年正式开展工作。地址在定西县城东郊安家沟流域电杆梁东侧。农林牧试验场为定西水土保持工作推广站的附属机构，不是独立单位，被称作安家坡农林牧试验场。建场初期只有技术员1人，助理技术员2人，气象观测员1人，工人3人。征用农坡地87.5亩（1亩 =1/15 hm²），旱川地18.75亩，购买民房4间，窑洞1孔。

1955年，定西水土保持工作推广站将安家沟确定为重点治理小流域，当时是以农户为单位，发动群众培地埂、打腰埂、挖地坎沟、打水簸箕等进行零散的田间工程和推行串堆子、垄作区田等水土保持耕作法，治理坡耕地；发动群众小面积植树造林、封山封沟育草，治理荒山荒沟。

在沟道中，由水保站投资分别于和坪村的高家川和东川修建拦泥淤地坝2座，小水库1个。和坪村淤地坝高8.5 m，库容4.1万m³，1955年8月建成，1957年淤满。高家川拦泥坝建于1956年4月，坝高10 m，库容3.9万m³，1958年淤满。这两座土坝均为下游水库的防洪拦泥坝。

1956年

早期土地类型称地块，至少西北水土保持研究所是这样，制成地块图供规划治理用。巨人先生（现中国科学院、水利部水土保持所研究员）在1956年参加中国科学院黄土高原综合考察队，承蒙任承统先生在定西安家坡现场指导，制作了地块图（1956年）。当时是根据坡度变化和利用现状划分地块。此后在韭园沟（该流域的第2次规划，蒋德麒先生主持，1963年）、延安碾庄沟（1965年）、延安南川（1972年）、安塞茶坊（1973年）规划中，将地块改为土地类型并屡作扩充。这是到目前为止文献记载的全国第一张按地块制作的水土保持规划图。

1956年8月建成的安家沟水库是定西第一坝，坝高20.5 m，库容35万 m³，1957年蓄水，水域面积近100亩。水库南岸安有锅驼机两台，抽水灌溉南川农地；北岸装有90马力的汽油抽水机1部，提水上山浇灌梯田。安家坡大队在水库旁边办起养鸭场1个，整个库区入春以后就碧波荡漾、鹅鸭嬉戏、蛙声四起；每到冬日，一马冰川，银光闪烁，景致宜人，吸引不少游人到此观景、游泳、滑冰，可算是定西城郊一景，土坝外侧坡栽培有柠条灌木林。

1956年，黄河中游水土保持综合考察队，在安家沟进行了综合考察，制定了土地利用发展规划，开始了全面治理。

同年，在安家沟流域电杆梁中部建气象园1处，观测项目有气温、气压、地温、空气湿度、风向、风速、降水、蒸发、日照等，现已积累60年的气象资料。在"文化大革命"时期，观测中断10年。

1957年

1957年2月，原定西水土保持工作推广站移交地方，与定西专员公署所属农、林、牧、水利部门合并，成立定西专员公署农业基本建设局。安家坡农林牧试验场改建为水土保持科学试验站，隶属定西专员公署农业基本建设局领导，科级建制。改建后，从有关部门抽调科技干部并分配来一批大、中专毕业生，充实了科技力量，整个站得到了发展和加强。

同年，一次分配到我站大学生6名，其中，北京大学2名，北京林学院2人，湖南农业大学2名。

同年，原北京林业科学研究所曾派商淳、刘景西、杜铭新、仲冰如四同志来站协助开展水土保持造林技术方面的试验研究，在学术交流和技术指导方面给予很大帮助和促进。

1958年

1958年，在上级党政部门的领导下，提出"山地园林化、坡地梯田化、耕地水利化、沟壑川台化"的治理要求，建立长年基建队和组织社队协作，"大兵团作战"。采取修梯田、培地埂、打腰埂等田间工程治理坡耕地；劈沟头、填陷穴、打谷坊治沟造地；在村旁路边掏涝池、挖窖窨，拦蓄地表径流；在荒山荒坡上挖水平沟，修反坡梯田、方块畦田植树造林，总计完成田间工程6 628.5亩，荒山荒沟防蚀工程2 612.9亩。种植白榆、山杏、青杨等各种林木 98 万多株，建引水上山的三级提灌站 1 处。治理面积达 7.3 km²，占总面积的 72.5%。但在"三年困难"和"十年动乱"时期，治理工作中断，大多数田间工程和坡面防蚀工程被水毁或人为破坏，林木死亡或成了小老树，治理成果受到严重破坏。

同年，在安家坡旱山坡地引种试栽苹果 20 亩，在东川旱川地引种试栽苹果 30 亩，成活率 95% 以上。

1959年

1959 年，全站职工增加到 60 人，其中有大学生 9 名、大专生 3 名、中专生 20 名。

1963年

1963 年 6 月 4 日一场 101.4 mm 特大暴雨造成洪水翻坝（安家沟第一坝），坝顶最大水深 0.4 m，持续 50 min，在柠条林的保护下，土坝免遭溃决。这可算是土坝史上的一个奇迹。只是水库寿命只有 10 年，1967 年整个库区淤平。现在已是一片沟坝地，长起了茂密的红柳灌木林。

1964年

1964 年，经历了一次人员大精简和一次机构下放的坎坷历程，大部分科技人员下放或调走，职工人数只有 23 人。站址迁到东川。

1976年

1976 年，完成了定向爆破试验，取得了阶段性成果。

1988年

1988 年 6 月，遵照定地行署〔1987〕77 号文及定西地区〔1988〕20 号文精神，由定西地区水保总站主持对定西地区水土保持试验站进行公开招标。经投标、答辩、民主评议，产生了承包人，确定由叶振欧同志承包定西地区水土保持试验站，并担任站长。承包期为 3 年。

1992年

1992 年，定西地区水土保持试验站被评为全国水土保持先进单位。

1993年

1993年，单位负责人实行任命制，张富同志被定西地区人事处任命为定西地区水土保持试验站站长。

1993年4月，根据定西地区编委〔1993〕036号文，定西地区水土保持科学研究所由全额拨款变为差额补贴单位。

1994年

1994年2月，经定西地区编委批准，原定西地区水土保持科学试验站更名为定西地区水土保持科学研究所，张富同志任所长。

1996年

1996年，定西地区水土保持科学研究所被评为全省档案系统先进单位。

1998年

1998年，定西地区水土保持科学研究所被评为全市水土保持先进单位。

2000年

2000年，单位在科技体制改革中，所长实行聘任制，张富同志被定西地区人事处聘任为定西地区水土保持科学研究所所长。

2001年

2001年9月，吴祥林同志被定西地区人事处聘任为定西地区水土保持科学研究所所长。

2003年

2003年8月撤地建市后，定西地区水土保持科学研究所更名为定西市水土保持科学研究所。

2004年

2004年，单位负责人实行全市水利系统公开招聘、公开选拔，在定西市人事局组织的定西市水土保持科学研究所所长公开选拔中，吴东平同志被选拔为定西市水土保持科学研究所所长，并由定西市人事局任命。

2009年

2009年，定西市水土保持科学研究所被评为全国水土流失动态监测与公告项目先进单位。

2013年

2013年12月，单位负责人实行公开竞选制，在定西市水土保持局党组组织的公开竞选中，经过个人答辩、民主测评、水保局党组推荐，陈瑾同志被定西市人力资源和社会保障局任命为定西市水土保持科学研究所所长。

2014年

2014年6月27日，中共定西市委秘书长办公会议纪要决定，将本所35.26亩土地无偿划拨给定西理工中专使用。

2015年

2015年10月，经定西市分类推进事业单位改革领导小组会议研究，同意将我单位划分为公益一类事业单位（定事改办发〔2015〕2号文）。

安定区人民政府报送定西市人民政府的《关于划拨定西理工中专建设用地的请示》（安政发〔2014〕47号），市上批示，由市国土局商市国资委、市水土保持局提出意见。2015年6月27日下午，定西市水土保持局召开会议，传达中共定西市委秘书长办公会议纪要精神，将我单位35.26亩科研及住宅用地划拨给定西理工中专使用。本所按照中共定西市委秘书长办公会议纪要精神，配合有关方面，办理了土地过户和划拨手续。安定区政府委托定西市方圆房地产评估公司，对所划拨土地上的附属物价值进行了评估。

第一章　创业·发展

第一节　发展概况

　　甘肃省定西市，古称陇中，今辖安定、通渭、陇西、临洮、渭源、漳县、岷县一区六县，总人口 290 多万人，年平均气温 7℃，年总降雨量 300～400 mm，中北部干旱少雨，南部高寒阴湿。历史上的定西，林木丰茂，黍谷丰盈，民谣里有"风吹草低见牛羊"的咏唱，史书里有"天下富庶莫如陇右"的记载。但是到了近代，由于战乱和垦荒，生态环境严重恶化，沦入百余年的极度贫穷，成为"苦瘠甲于天下"的贫瘠之地。

　　中华人民共和国成立初期，由于水土流失严重，水旱灾害连年发生，农业和国计民生遭受严重损失。1950 年 10 月，政务院在治理淮河的决定中要求普遍推行水土保持工作。1952 年 12 月，周恩来总理签发了《中央人民政府政务院关于发动群众继续开展防旱、抗旱运动并大力推行水土保持工作的指示》，指示强调：由于过去山林长期遭受破坏和无计划在坡地开荒，使很多山区失去涵养雨水的能力。这种现象不但是河道淤塞和洪水为灾的主要原因，而且由于严重的土壤冲刷及沟壑的增加，使山丘高原地带土壤日益瘠薄，耕地日益减少，生产日益衰退。为了从根本上保证农业生产的迅速发展，这个指示发出了大力推广水土保持工作的动员令。

　　20 世纪 50 年代，以治理黄土高原为重点，水利部、中国科学院和黄河水利委员会在黄河中游地区组织了大规模的水土流失考察和查勘工作，基本摸清了黄河流域水土流失的情况，总结了群众的蓄水保土经验，并以黄河支流为单元提出了勘查报告，作出了较为完整、系统的黄河流域水土保持区划。各省区相继开展了水土保持试点，建立了水土保持推广站。根据 1960 年统计，全国共有水土保持试验站、工作站 181 处。1950～1954 年，在黄河中上游地区建立有天水、绥德、西峰、榆林、延安、平凉、定西、离石等水土保持推广站。这些试验站、工作站对水土流失形成的主要因子进行了观测，对水土流失的规律进行了探讨，在总结群众经验的基础上试验推广了水土保持治理技术，为水土保持学科的发展提供了科学依据。

　　在这个历史大背景下，1956 年 9 月 16 日，定西市水土保持科学研究所的前身——定西水土保持工作推广站农林牧试验场成立。定西市水土保持科学研究所是诞生在定西这片贫瘠的土地上的一个旨在为改变自然生态环境和生产、生活条件提供科技支持的科研机构，从1956年建立到2016年，迄今走过了60年的风雨历程。60年里，我市水土保持科学研究的工作者筚路蓝缕，以启山林，艰苦奋斗，默默奉献，在贫瘠的土地上写下了一页页清词丽句，在社会主义建设各个时期奏响了动人的华美乐章！定西市水土保持科学研究所始建于1956年，原名为定西水土保持工作推广站农林牧试验场，属水利部西北黄河工程局管辖。1957年改名为定西水土保持科学试验站，属定西专署农建局管辖。1962年，改名为定西公署水利局水土保持科学试验站，属定西公署水利局管辖。1964年，恢复定西水土保持科学试验站名称。1969年，下放到定西县，改名为定西县林业水保工作站。1973年，收回到定西地区管辖，改名为定西地区水土保持试验站。1987年开始，业务工作由定西地区水土保持工作总站管辖，行政工作由定西地区行署水利水保处管辖。2003年，撤地建市后更名为定西市水土保持科学研究所。2005年11月，经市编委批准由定西市水利水保局直属管理。2013年，定西市水土保持局党组成立，由市水土保持局直属管理。

　　一甲子砥砺发展路，六十年自强奋斗曲。定西市水土保持科学研究所面向农林第一线开展水土保持技术研究、示范推广，担负着以定西地区为代表的甘肃中部干旱半干旱地区水土流失规律研究及防治、水土资源开发利用与保护、小流域综合治理、水土保持优良树种的引种选育栽培、雨水利用等生态工程技术的试验、示范和推广的重要使命。60年来，先后承担完成了国家科技攻关项目，省部级科技支撑计划项目，地市级科研计划项目，国家级、省级科研院所协作攻关项目，单位自列计划项目的科学研究、技术示范推广课题等160多项。

　　改革开放以来，随着我国科学技术春天的到来，水土保持科学研究事业取得了长足的进步，这是取得水土保持科学研究成果较为丰硕的时期。1982～2016年，共取得科技成果36项，其中达到国际先进水平5项，国内领先水平15项，国内先进12项，省内领先1项，省内先进2项，获国家实用型新专利1项；获省科技进步二等奖6项、三等奖3项，地(厅)级科技进步一等奖5项、二等奖11项、三等奖8项，获市科技发明二等奖1项。

定西市水土保持科学研究所目前为甘肃省三个主体水土保持科学研究所之一。全所现有在职职工 63 人，其中技术干部 51 人（正高级工程师 1 人、高级工程师 13 人、副研究馆员 1 人、工程师 23 人、助理工程师及以下 13 人）；技术工人 11 人，职员 1 人。内设机构有办

公室、生态工程水土保持技术研究室、生产建设水土保持技术研究室、雨水利用技术研究室、水土保持综合典型监测站、生态产业化技术研究室、后勤服务及资产管理室等 7 个科室。科研附属机构有档案资料室、化验室。档案资料室存有综合科技档案 6 000 多卷，科技杂志 60 余种；化验室有原子吸收分光光度计等仪器设备 98 台（套）。

定西市水土保持科学研究所历经 60 年时间建立起了安家沟流域、高泉沟流域和龙滩流域三大试验流域，是我所试验研究的主要基地。安家沟流域是甘肃省管辖的黄土高原水蚀区唯一的水土保持监测与公告项目国家级控制站。自 1956 年以来，在该流域先后开展了水文、气象观测，土壤水分监测，坡面植被水土流失拦蓄效益监测，雨水利用技术试验等科研工作，积累了 60 年的基础资料。高泉沟流域是 20 世纪 90 年代建设的试验流域，是国家"七五""八五""九五""十五"科技攻关项目试验区域之一，进行了多年的科学试验，积累了大量试验数据，为水土流失规律、水土保持生态农业技术研究提供了第一手资料。龙滩流域是 2005 年为开展国家科技支撑课题《黄土丘陵沟壑区生态综合整治技术开发》项目的需要，我所与中国科学院生态环境研究中心、省林业科学研究院协作建设的第三个研究基地。该流域是清洁型小流域试验示范流域，有李家湾和剪子岔两个对比流域沟道径流观测断面，实施无人自动化观测，收集小流域坡面降雨径流资料和生态功能资料。安家沟流域和龙滩流域先后被列入全国水土保持监测网络水土保持综合典型监测站（场），承担国家网络甘肃省管辖部分的水土流失地面观测任务，为水利部水土保持监测中心和全社会提供数据、信息。

定西市水土保持科学研究所的发展得到了党和政府的巨大关怀与支

持，历届党和国家领导人及甘肃省委省政府、定西市委市政府领导多次
亲临我所开展研究工作的小流域进行视察和指导。甘肃省原省委书记李
子奇、黄河水利委员会原副主任仝林良等领导同志亲临我所检查指导工
作。中国科学院山仑院士、傅伯杰院士先后到安家沟流域和龙滩流域考
察。中国科学院生态环境研究中心城市与区域生态国家重点实验室主任、
中国生态学学会秘书长陈利顶先生长期驻所开展科学研究工作，给广大
科研人员以巨大的精神鼓舞。

　　一分耕耘，一分收获。研究所先后获得了全国水土保持先进单位、
全国水土保持监测先进单位等荣誉称号。

　　栽下绿荫，就会有云彩；播下种子，就会有收获；放飞希望，就会
到达理想的彼岸。今天的定西市水土保持科学研究所，正以豪迈的热情、
务实的精神，迎接新的挑战、谱写新的篇章，向着2020年建设成为集水
土保持科研试验、技术推广、技术服务、科技咨询与培训示范为一体的
高水平水土保持科学研究机构的奋斗目标阔步迈进！

第二节　历史沿革

　　定西的水土保持机构始建于1954年。当时黄河水利委员会为了协助
甘肃省中部地区开展水土保持工作，成立了定西水土保持工作推广站，
隶属西北黄河工程局领导，处级建制。1955年，筹备定西水土保持工作
推广站农林牧试验场，1956年开展工作，称为安家坡农林牧试验场。

　　1957年2月，原定西水土保持工作推广站移交地方，改名为定西水

土保持科学试验站，隶属定西专员公署农业基本建设局，科级建制。

1962年，更名为定西公署水利局水土保持科学试验站。

1964年，恢复定西水土保持科学试验站名称。

1969年，定西水土保持科学试验站下放到定西县，更名为定西县林业水保工作站，隶属定西县农业局管辖。

1973年，收回到定西地区管理，更名为定西地区水土保持试验站。

1987年，业务工作隶属定西地区水土保持工作总站，行政工作隶属定西行署水利水保处。

1994年，经定西地区编委批准，更名为定西地区水土保持科学研究所。

2003年，撤地建市后，更名为定西市水土保持科学研究所。

2005年，经定西市编委批准由定西市水利水保局直属。

2007年，经定西市编委批准由定西市水土保持局直属。

定西市水土保持科学研究所历史沿革一览表，见表1-1。

表1-1　定西市水土保持科学研究所历史沿革一览表

单位名称	隶属关系	起止时间（年·月）	地址
定西水土保持工作推广站农林牧试验场	隶属西北黄河工程局定西水土保持工作推广站	1956～1957	定西县城东郊安家沟流域电杆梁东侧
定西水土保持科学试验站	隶属定西专员公署农业基本建设局	1957～1961	
定西专员公署水利局水土保持科学试验站	隶属定西专员公署水利局	1962～1963	
定西水土保持科学试验站	隶属定西专员公署水保局	1964～1965	定西县东川
定西水土保持科学试验站	隶属定西专员公署农林水牧局	1966～1968	
定西县林业水保工作站	隶属定西县农业局	1969～1972	
定西地区水土保持试验站	隶属定西行署水利局	1973～1977	
定西地区水土保持试验站	隶属定西行署林保局	1978～1980	
定西地区水土保持试验站	隶属定西行署水利水保处	1981～1987	
定西地区（市）水土保持试验站	业务工作隶属定西地区水土保持工作总站 行政工作隶属定西行署水利水保处	1987～2005.11	定西县永定路30号
定西市水土保持科学研究所	隶属定西市水利水保局	2005.12～2007.11	定西市安定区永定东路352号
定西市水土保持科学研究所	隶属定西市水土保持局	2007.11至今	

第三节 机构设置

一、1956 年，定西水土保持工作推广站时期

定西水土保持工作推广站内设秘书科、财务科、推广科、技术科和农林牧试验场。

二、1957 ~ 1985 年，定西水土保持科学试验站时期

定西水土保持科学试验站内设试验室、业务室、业务办公室、综合办公室、气象园和土壤化验室。

（一）气象园

1956 年建立气象园并开始观测，是定西地区抗旱气象观测场所，观测项目有气温、气压、地温、空气湿度、风向、风速、降水、蒸发、日照等，现已积累了 60 年的气象资料。"文化大革命"期间曾中断观测。

气象园

（二）土壤化验室

1957 年建立土壤化验室并使用，当时山上没有通电，化验工作是从煤油烘箱等简陋设备开始的。承担站内外一般土壤、水质的常规化验，也可以进行铜、铁、铅等 20 多种微量元素的分析。

（三）科技情报资料室

1983 年建立科技情报资料室，迄今搜集、整理站内外水土保持科技

资料 3 000 多份，收集、整理、保存了本单位 1956 ～ 1985 年试验研究成果资料、各种报刊和图书。

化验室设施图

化验室材料存放图

1983 ～ 2015 年，科研技术档案资料一览图

三、1986 ~ 2003 年，定西地区水土保持试验站时期

1986 年，定西地区水土保持试验站内设科研办公室、行政办公室、科技推广办公室、试验场。1994 年，内设办公室、总务室、科管室、开发室，科研附属机构有档案资料室、气象园、化验室和计算机室。1996 年，为加强节水农业技术在定西地区的推广应用，与定西地区科协协作，成立了定西地区集流节灌技术推广服务中心。1999 年经地区编委批准，成立了定西地区生态环境建设项目规划设计院，内设办公室、科研推广室、节灌中心、规划设计院、工程公司、金棘公司，科研附属机构有档案资料室、气象园、化验室和计算机室。

1996 年，定西地区集雨节灌技术推广服务中心挂牌

（一）科研办公室

科研办公室主管全站科研工作，主要任务是组织和指导全站科研人员开展各项试验研究工作。

（二）科技推广办公室

1986 年新增设科技推广办公室，主要任务是组织推广站内外水土保持科研成果，引进新技术，指导开展群众性水土保持工作。1987 年，开始承担世界银行援助的定西县关川河流域水土保持综合治理的部分技术推广项目等。

（三）试验场

试验场主要任务是经营管理站内现有试验场地，为科研提供条件。

四、2003年至今，定西市水土保持科学研究所时期

2003年8月，撤地建市后易名为定西市水土保持科学研究所、定西市生态工程规划设计院，内设行政办公室、科研一室、科研二室、规划室、节灌站、综合典型监测站、沙棘工程中心7个职能室（站），科研附属机构有档案资料室、气象园、化验室。2005年11月起，内设机构为行政办公室、总务室、科研一室、科研二室、规划室、节灌站、监测站7个，科研附属机构有档案资料室、气象园、化验室。2007年9月，成立定西百源水土工程有限公司。2013年，定西市水土保持局党组成立，由定西市水土保持局直属。内设机构有行政办公室、生态工程水土保持技术研究室、生产建设项目水土保持技术研究室、雨水利用技术研究室、水土保持综合典型监测站、生态产业化技术研究室、后勤服务及资产管理室7个科室，科研附属机构有档案资料室、气象园、化验室。

第四节　基地建设

定西水土保持工作推广站农林试验场筹备于1955年，征用农坡地87.5亩，旱川地18.75亩，购买民房4间，窑洞1孔，1956年开展工作。地址在定西县城东郊安家沟流域电杆梁东侧，称作安家坡农林牧试验场。

1957年2月，原定西水土保持工作推广站移交地方，与定西专员公署所属农、林、牧、水利部门合并，成立定西专员公署农业基本建设局；安家坡农林牧试验场改建为水土保持科学试验站，站址迁到东川。改建后，从有关部门抽调科技干部并分配来一批大、中专毕业生，科技力量得到了充实和加强。

1958～1987年，全站有房院3处，建筑面积1 654.1 m²，试验场地1 157亩，置备有原子吸收分光光度计、超级苹果二微型机各1台，卡车2辆，丰田工具车1辆，手扶拖拉机2台。

1991年，筹资建成办公楼1栋，为三层带帽砖混结构，面积1 400 m²。建设锅炉房250 m²，餐厅60 m²，门卫值班室23 m²，车库3间。

1956～1957年，安家坡老站办公区域

1958～1993年，东川办公区域

1992年以来办公楼

实验及办公楼

第五节　领导班子

一、历届所（站）长

历届所（站）长如表 1-2 所示。

表 1-2　历届所（站）长

姓名	性别	籍贯	文化程度	职务	任职时间（年·月）
万夫哲	男	甘肃靖远	初中	负责人	1956 ～ 1957
马朴真	男	甘肃临洮	中专	负责人	1958 ～ 1959
王鸿祥	男	甘肃通渭	初识字	负责人	1959 ～ 1961
马成智	男	甘肃	初识字	负责人	1959 ～ 1961
李克勤	男	甘肃会宁	初中	负责人	1960
罗文棋	男	陕西洋县	大专	负责人	1961
陈殿元	男	甘肃定西	高中	站长	1962 ～ 1964
席道隆	男	山西洪洞	初中	站长	1965 ～ 1967

定西水保科研60年
DINGXI SHUIBAO KEYAN LIUSHI NIAN ——纪念定西市水土保持科学研究所60周年文集(1956~2016)

续表 1-2

姓名	性别	籍贯	文化程度	职务	任职时间（年·月）
陈永康	男	四川宜宾	中专	革委会主任	1968 ~ 1969
张性周	男	山东	初识字	负责人	1970 ~ 1971
张鹏举	男	甘肃定西	大专	站长	1972
席道隆	男	山西洪洞	初中	站长	1973 ~ 1979
王兴洲	男	甘肃定西	初识字	副站长	1979 ~ 1982
马朴真	男	甘肃临洮	中专	站长	1982 ~ 1986
叶振欧	男	江苏南京	中专	站长	1986 ~ 1993
张富	男	甘肃定西	大学	站长、所长	1993 ~ 2001
吴祥林	男	甘肃康乐	大学	所长	2001 ~ 2004.9
吴东平	男	甘肃定西	大学	所长	2004.9 ~ 2013.11
陈瑾	男	甘肃定西	大学	所长	2013.12 至今

二、历届班子成员

历届班子成员如表 1-3 所示。

表 1-3 历届班子成员

姓名	性别	籍贯	文化程度	职务	任职时间（年·月）
马朴真	男	甘肃临洮	中专	副站长	1961 ~ 1962
岳子来	男	甘肃榆中	初中	革委会副主任	1968 ~ 1969
白如晶	男	陕西清涧	小学	革委会副主任	1968 ~ 1969
刘树森	男	山西	初识字	副站长	1969
毛锦秀	男	甘肃临洮	初识字	副站长	1973 ~ 1979
张健	男	甘肃定西	大学	副站长、副所长	1984 ~ 1999.5
李生科	男	甘肃会宁	大学	副站长	1985 ~ 1986.5
张富	男	甘肃定西	大学	副站长	1986.11 ~ 1993.4
万廷朝	男	甘肃靖远	中专	副站长	1986.11 ~ 1993.4
宁建国	男	河北卢龙	大学	副站长、副所长	1993.5 ~ 1999.5

续表 1-3

姓名	性别	籍贯	文化程度	职务	任职时间（年·月）
陈瑾	男	甘肃定西	大学	副所长	1999.5 ~ 2013.12
李林	男	甘肃会宁	大专	副所长	1999.5 ~ 2005.7
尚新明	男	甘肃通渭	大学	总工程师	2000.5 ~ 2007.8
董荣万	男	甘肃临洮	大学	副所长	2002.9 ~ 2009.9
李旭春	男	甘肃会宁	大学	副所长	2011.5 至今
王小平	男	陕西渭南	大专	副所长	2014.9 至今
李弘毅	男	甘肃定西	大学	副所长	2014.9 至今
乔生彩	男	甘肃临洮	大专	总工程师	2014.9 至今

定西水保科研60年

第二章 人才·队伍

第一节　人员结构

1955 年，筹备建立定西水土保持工作推广站农林牧试验场。1956 年，正式开展工作，职工人数 24 人。1957 ～ 1985 年，历届职工总数 156 人，其中技术干部 68 人，行政干部 15 人，工人 73 人。1986 ～ 2016 年 20 年间，历届职工总数 125 人，其中技术干部 79 人，行政干部 7 人，工人 39 人。

1956 ～ 1965 年历届职工柱状图如图 2-1 所示。

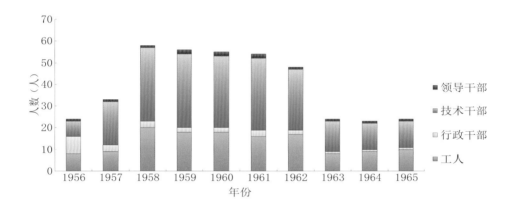

图 2-1　1956 ～ 1965 年历届职工柱状图

1966 ～ 1975 年历届职工柱状图如图 2-2 所示。

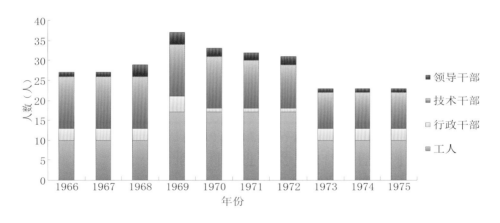

图 2-2　1966 ～ 1975 年历届职工柱状图

1976 ～ 1985 年历届职工柱状图如图 2-3 所示。

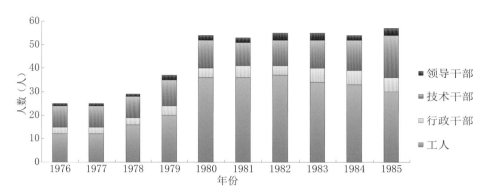

图 2-3　1976 ～ 1985 年历届职工柱状图

1986 ～ 1995 年历届职工柱状图如图 2-4 所示。

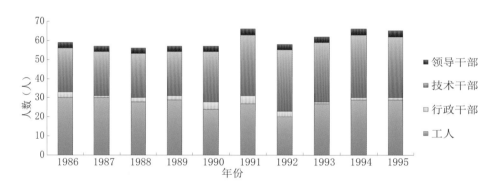

图 2-4　1986 ～ 1995 年历届职工柱状图

1996 ～ 2005 年历届职工柱状图如图 2-5 所示。

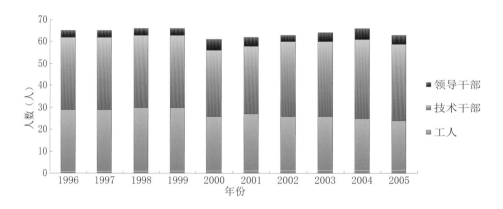

图 2-5　1996 ～ 2005 年历届职工柱状图

2006 ～ 2015 年历届职工柱状图如图 2-6 所示。

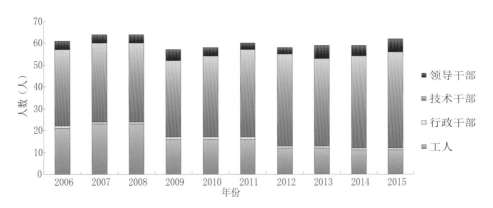

图 2-6　2006～2015 年历届职工柱状图

定西市水土保持科学研究所人员结构一览表，如表 2-1 所示。

表 2-1　定西市水土保持科学研究所人员结构一览表

年份	人员（人）				
	领导干部	技术干部	行政干部	工人	总计
1956	1	7	8	8	24
1957	1	20	3	9	33
1958	1	34	3	20	58
1959	2	34	2	18	56
1960	2	33	2	18	55
1961	2	33	3	16	54
1962	1	28	2	17	48
1963	1	14	1	8	24
1964	1	12	1	9	23
1965	1	12	1	10	24
1966	1	13	3	10	27
1967	1	13	3	10	27
1968	3	13	3	10	29
1969	3	13	4	17	37
1970	2	13	1	17	33
1971	2	12	1	17	32
1972	1	11	1	17	30
1973	1	9	3	10	23
1974	1	9	3	10	23
1975	1	9	3	10	23
1976	1	9	3	12	25
1977	1	9	3	12	25
1978	1	9	3	16	29
1979	2	11	4	20	37

续表 2-1

年份	人员（人）				
	领导干部	技术干部	行政干部	工人	总计
1980	2	12	4	36	54
1981	2	10	5	36	53
1982	3	11	4	37	55
1983	3	12	6	34	55
1984	2	13	6	33	54
1985	3	18	6	30	57
1986	3	23	3	30	59
1987	3	23	1	30	57
1988	3	23	2	28	56
1989	3	23	2	29	57
1990	3	26	4	24	57
1991	3	32	4	27	66
1992	3	32	3	20	58
1993	3	31	1	27	62
1994	3	33	1	29	66
1995	3	32	1	29	65
1996	3	33		29	65
1997	3	33		29	65
1998	3	33		30	66
1999	3	33		30	66
2000	5	30		26	61
2001	4	31		27	62
2002	3	34		26	63
2003	4	34		26	64
2004	5	36		25	66
2005	4	35		24	63
2006	4	35	1	21	61
2007	4	36	1	23	64
2008	4	36	1	23	64
2009	5	35	1	16	57
2010	4	37	1	16	58
2011	3	40	1	16	60
2012	3	42	1	12	58
2013	6	40	1	12	59
2014	5	42	1	11	59
2015	6	44	1	11	62
2016	5	46	1	11	63

第二节　职工队伍

一、1956 ～ 2016 年干部职工一览表

1956 ～ 2016 年干部职工一览表，如表 2-2 所示。

表 2-2　1956 ～ 2016 年干部职工一览表

姓名	性别	籍贯	学历	本单位工作时间（年·月）
万夫哲	男	甘肃靖远	初中	1956 ～ 1957
阎康仲	男	山西	初中	1956 ～ 1957
杨念谟	男	上海	中专	1956 ～ 1958
李斌荣	男	广东电白	中专	1956 ～ 1993.12
李枢亮	男	北京	初中	1956 ～ 1957
王惠	男	北京	初中	1956 ～ 1983
李旭升	男	北京	初中	1956 ～ 1999.4
宁庆	男	河北	大专	1956 ～ 1958、1979 ～ 1982
樊书信	男	陕西	大专	1956 ～ 1962
张绍侃	男	甘肃静宁		1956 ～ 1962
张克敦	男	甘肃静宁		1956 ～ 1983
景源	男	甘肃定西		1956 ～ 1958
颜正昌	男	甘肃定西		1956 ～ 1958
康跃如	男	甘肃定西		1956 ～ 1983
赵良琳	男	甘肃定西	初中	1956 ～ 1958、1980 ～ 1992
王从政	男	甘肃定西		1956 ～ 1957
王祥云	男	甘肃定西		1956 ～ 1962
宋子才	男	山西	大学	1957 ～ 1969
梁应华	男	甘肃临洮	高中	1957 ～ 1958
苗映芳	男	甘肃靖远	初中	1957 ～ 1962
王守业	男	山西	大学	1957 ～ 1962
齐秀荣	女	河北	大学	1957 ～ 1962
祁维贤	男	北京	初中	1957 ～ 1959
蒋次方	女	湖南长沙	大学	1957 ～ 1962
龙益蒸	男	湖南醴陵	大学	1957 ～ 1960

续表 2-2

姓名	性别	籍贯	学历	本单位工作时间（年·月）
田万福	男	甘肃临洮	中专	1957 ~ 1962
赵昌纶	男	甘肃临洮	中专	1957 ~ 1962
陈永康	男	四川宜宾	中专	1957 ~ 1972
苏效武	男	甘肃临洮	中专	1957 ~ 1958
刘承晏	男	甘肃定西	大专	1957 ~ 1961
李万存	男	陕西	小学	1957 ~ 1962
马任庭	男	北京	初中	1957 ~ 1962
王融	男	甘肃定西		1957 ~ 1958
吴志训	男	甘肃定西		1957 ~ 1962
马朴真	男	甘肃临洮	中专	1958 ~ 1962、1982 ~ 1994.1
叶振欧	男	江苏南京	中专	1954 ~ 1961、1980 ~ 1993
李世勤	女	北京	大学	1958 ~ 1980
马福源	女	甘肃榆中	中专	1958 ~ 1962
郭临汾	男	甘肃天水	中专	1958 ~ 1960
刘占荣	男	甘肃临洮	中专	1958 ~ 1962
张奉安	男	甘肃临洮	中专	1958 ~ 1962
郭绍信	男	吉林	中专	1958 ~ 1961
巩国礼	男	吉林	中专	1958 ~ 1961
王勇	男	吉林	中专	1958 ~ 1961
欧阳重	男	甘肃临洮	中专	1958 ~ 1962
祖玉珍	女	吉林	中专	1958 ~ 1961
孙竞业	男	吉林	中专	1958 ~ 1962
王淑霞	女	吉林	中专	1958 ~ 1959
何永礼	男	甘肃渭源	初中	1958 ~ 1959
韩占奎	男	甘肃定西		1958 ~ 1981
李海清	男	甘肃定西		1958 ~ 1981
冯富宝	男	山西		1958 ~ 1962
何世杰	男	甘肃定西		1958 ~ 1981
符珍	男	甘肃定西		1958 ~ 1960
符志悦	男	甘肃定西		1958 ~ 1960
段真才	男	甘肃定西		1958 ~ 1962
王立中	男	甘肃定西		1958 ~ 1962
李华	男	甘肃定西		1958 ~ 1962
钱士学	男	甘肃临洮		1958 ~ 1962
姜文海	男	吉林		1958 ~ 1962

续表 2-2

姓名	性别	籍贯	学历	本单位工作时间（年·月）
谭学志	男	吉林		1958 ~ 1962
蒋丽贞	女	福建	大学	1959 ~ 1961
金继蕃	男	浙江	大学	1959 ~ 1962
吴成孝	男	四川宜宾	中专	1959 ~ 1969
王文孝	男	四川宜宾	中专	1959 ~ 1963
金宝仓	男	甘肃通渭	初中	1959.10 ~ 1988.1
史建忠	男	河北		1960 ~ 1961
李德贵	男	北京	中专	1960 ~ 1961
汪友兰	女	甘肃榆中	中专	1960 ~ 1962
裴彦龙	男	甘肃榆中	中专	1960 ~ 1962
高若若	女	江苏	高中	1960 ~ 不详
徐延充	男	江苏南京	大学	1961 ~ 1971
刘桂英	女	上海	中专	1961 ~ 1978
张惜珍	男	甘肃会宁	高中	1961 ~ 1962
陈殿元	男	甘肃定西	高中	1962 ~ 1964
徐中理	男	甘肃华亭	大学	1962 ~ 1970
万兆镒	男	甘肃靖远	大学	1962 ~ 1987.10
张国琪	男	甘肃陇西		1962 ~ 1981
马忠孝	男	甘肃定西	中专	1963 ~ 1969、1973 ~ 1984
王时钟	男	甘肃靖远	初识字	1963 ~ 1965
徐学长	男	甘肃民勤		1964 ~ 1974
张文信	男	甘肃榆中		1964 ~ 1975
岳子来	男	甘肃榆中	初中	1965 ~ 1969、1972 ~ 1991
白如晶	男	陕西	小学	1965 ~ 1969、1972 ~ 1981
王希德	男	甘肃临洮	初中	1965 ~ 1969、1972 ~ 1999.7
王俊臣	男	甘肃会宁		1965 ~ 1981
席道隆	男	山西洪洞		1965 ~ 1967、1973 ~ 1979
赵元根	男	甘肃天水	中专	1967 ~ 1984
刘德润	男	甘肃天水	大学	1969 ~ 1972
徐锦芳	女	江苏苏州	中专	1969 ~ 1972
赵荣亮	男	浙江金华	中专	1969 ~ 1972
刘谧	男	甘肃定西	中专	1969 ~ 1972
刘汗英	男	甘肃秦安	初中	1969 ~ 1972
李成	男	甘肃定西		1969 ~ 1972
吕义	男	甘肃定西		1969 ~ 1972

续表 2-2

姓名	性别	籍贯	学历	本单位工作时间（年·月）
许金妹	女	上海		1969 ~ 1972
沈秀珍	女	上海		1969 ~ 1972
王秀花	女	甘肃定西		1969 ~ 1972
陈守理	男	北京		1969 ~ 1972
石久柱	男	北京		1969 ~ 1972
周汉奇	男	江苏	中专	1971 ~ 1972
李庆玺	男	河南	中专	1971 ~ 1972
郝春馥	女	辽宁	初中	1973.12 ~ 2000.7
关天宪	女	山东		1975 ~ 1979
张世英	男	甘肃临洮	在职中专	1976.11 ~ 2014.11
徐静	女	黑龙江	高中	1976.12 ~ 2006.12
祁生贵	男	甘肃定西		1976 ~ 1979
高映兰	女	甘肃定西	初中	1977.8 ~ 1998.9
吴启元	男	甘肃通渭		1978 ~ 1980
郑玉山	男	甘肃渭源	初中	1978.12 ~ 2009.12
赵守德	男	甘肃定西	在职中专	1978.12 至今
王兴洲	男	甘肃定西	初识字	1979 ~ 1982
李登贵	男	甘肃定西	中专	1979.12 至今
叶丕福	男	甘肃靖远	中专	1979 ~ 1993
刘玉霞	女	甘肃陇西	中专	1979 ~ 1981
陈振乾	男	甘肃渭源	中专	1979 ~ 1995.3
郝秀芳	女	甘肃会宁		1979 ~ 1989
杨晓东	男	甘肃通渭		1979 ~ 1980
尹保生	男	河北	初中	1979 ~ 1987
李凤莲	女	甘肃定西	初中	1979 ~ 2000.11
冯晓娟	女	陕西蒲城	初中	1979 ~ 2011.7
石文静	女	河南杞县		1980 ~ 1993.4
牟建国	男	甘肃定西		1980 ~ 1984
边琳	女	甘肃临洮	在职大专	1980.3 ~ 2010.3
邱宝华	男	上海	在职大专	1980.10 ~ 2012.1
宁建国	男	河北卢龙	在职大专	1980.11 ~ 2009.11
何增化	男	湖南桂阳	在职大专	1980 ~ 2009.11
梁雪兰	女	甘肃临洮		1980 ~ 1983
赵淑兰	女	甘肃临洮	初中	1980.2 ~ 2000.9
张殿轩	男	甘肃会宁	初中	1980 ~ 1989

续表 2-2

姓名	性别	籍贯	学历	本单位工作时间（年·月）
安小妹	女	甘肃甘谷	初中	1980.12 ~ 1989
王巧玲	女	甘肃秦安	中专	1980.12 ~ 2012.4
尹世红	女	河北唐山	高中	1980.12 ~ 2012.12
马岩	男	甘肃定西	初中	1980.12 ~ 2012.1
王小杰	男	北京通州	初中	1980.12 ~ 2012.1
满映云	女	甘肃武威	初中	1980 ~ 2003.1
李凤英	女	甘肃定西	初中	1980 ~ 1984
万廷朝	男	甘肃靖远	中专	1981.5 ~ 1992
邱凤英	女	上海	高中	1981 ~ 1982
张学文	男	甘肃陇西	初中	1981 ~ 1988
贺镇	男	甘肃定西	初中	1981 ~ 2001.12
韩菊英	女	甘肃定西	初中	1981 ~ 1984
席春兰	女	山西	初中	1981 ~ 1982
白玉梅	女	陕西清涧	在职大专	1981 ~ 2009.12
张富	男	甘肃定西	大学	1982 ~ 2001
张定平	男	甘肃静宁	在职中专	1982.12 至今
张健	男	甘肃定西	大学	1984.4 ~ 2000.11
曹志荣	男	甘肃临洮	中专	1983 ~ 1990
鲁佩娴	女	河南	中专	1983 ~ 1985
康润斌	男	甘肃定西	初中	1983 至今
陈瑾	男	甘肃定西	在职大学	1983.8 至今
肖江东	男	甘肃临洮	在职大专	1985.8 至今
黄伟亚	男	陕西子长	初中	1985.7 ~ 2009.11
曲永珍	男	甘肃通渭	初中	1983.1 至今
于登高	男	甘肃临洮	中专	1984 ~ 1985.10
陈善军	男	甘肃靖远	中专	1984 ~ 1988
许富珍	男	甘肃通渭	大学	1984.7 ~ 1997.8
石金赞	男	河南杞县	大学	1985.3 ~ 1993.12
令继雄	男	甘肃定西	中专	1985.7 ~ 1993
董荣万	男	甘肃临洮	在职大学	1985.7 至今
尚新明	男	甘肃通渭	在职大专	1986.7 至今
贵立德	男	甘肃定西	大学	1986.7 至今
张金昌	男	甘肃通渭	在职大专	1986.7 至今
王志功	男	甘肃临洮	中专	1986.7 至今
石培忠	男	甘肃临洮	在职大专	1986.8 至今

续表 2-2

姓名	性别	籍贯	学历	本单位工作时间（年·月）
单书林	男	甘肃临洮	大专	1986.12 至今
杨静	女	甘肃陇西	大专	1986.12 ~ 1988
李林	男	甘肃会宁	大专	1989.6 ~ 2005.12
赵金华	女	甘肃通渭	在职大专	1989.7 至今
王达友	男	江苏涟水	中专	1989.1 ~ 1999.12
安玉琴	女	甘肃定西	大专	1990.2 ~ 1994.9
王小平	男	陕西合阳	大专	1990.6 至今
乔生彩	男	甘肃临洮	大专	1990.7 至今
王健	男	甘肃定西	大学	1990.7 ~ 2005.10
朱兴平	男	甘肃定西	在职硕士研究生	1990.7 ~ 2002
陆佩毅	女	甘肃临洮	大专	1991.6 至今
张德明	男	甘肃定西	大学学士	1992.6 至今
朱正军	男	甘肃临洮	大学	1992.8 ~ 1997.8
赵舜梅	女	甘肃定西	在职大专	1992.12 至今
岳永文	男	甘肃榆中	在职大专	1992.12 至今
刘宏斌	男	甘肃临洮	在职大学	1993.7 至今
令续梅	女	甘肃定西	大专	1995.10 ~ 2002.10
李旭春	男	甘肃会宁	在职硕士研究生	1995.9 至今
马鸿雁	女	河南灵宝	在职大专	1995.12 至今
郑国权	男	甘肃通渭	硕士研究生	1996.2 ~ 1996.9
曲富荣	男	甘肃通渭	在职大学	1996.8 至今
郭彦彪	男	甘肃通渭	大学	1997.7 ~ 2000.8
吴南江	女	甘肃定西	在职大学	1997.9 至今
胡永强	男	甘肃定西	高中	1997.10 至今
马海龙	男	甘肃定西	大专	1998.9 至今
刘向红	男	甘肃陇西	初中	1998.9 至今
张佰林	男	甘肃定西	大学学士	2000.7 至今
马燕	女	甘肃定西	在职大学	2000.7 至今
芊永明	男	甘肃通渭	在职大学	2001.7 至今
王丽洁	女	甘肃渭源	在职大学	2001.7 至今
林桂芳	女	甘肃通渭	在职大学	2001.8 至今
李弘毅	男	甘肃定西	大学学士	2002.8 至今
康月琴	女	甘肃通渭	在职大学	2002.11 至今
侯建国	男	甘肃定西	在职大学	2002.12 至今
张金铭	男	甘肃陇西	在职硕士研究生	2002.6 至今

续表 2-2

姓名	性别	籍贯	学历	本单位工作时间（年·月）
吴东平	男	甘肃定西	在职大学	2004.9 至今
刘文峰	男	甘肃会宁	在职大学	2004.11 至今
刘小荣	女	甘肃通渭	在职大学	2004.11 至今
李彤	女	甘肃定西	在职大学	2005.10 至今
马海霞	女	甘肃定西	硕士研究生	2008.3 至今
王琨	男	甘肃定西	在职大学	2009.4 至今
常军霞	女	甘肃会宁	在职大专	2010.1 至今
梁启鹏	男	甘肃会宁	硕士研究生	2010.11 ~ 2012
张惠珍	女	甘肃临洮	在职大学	2013.1 至今
刘志贤	男	甘肃定西	大学学士	2012.11 至今
陈荣	男	甘肃定西	大学学士	2012.11 至今
郭冰	女	甘肃临洮	在职大学	2012.9 至今
王昱博	男	甘肃定西	大专	2012.11 至今
鱼海霞	女	甘肃陇西	硕士研究生	2013.12 至今
杨志军	男	甘肃定西	大学学士	2013.12 至今
李江	男	甘肃定西	大学学士	2015.3 至今
魏雯	女	甘肃通渭	大学学士	2015.3 至今
郭仲轩	男	甘肃通渭	大学学士	2015.3 至今
金玉铭	男	甘肃通渭	初中	1990.12 至今
兰志强	男	甘肃定西	初中	1994.10 至今
张鸿	男	甘肃定西	初中	1970.5 ~ 2000.7
张继元	男	甘肃定西	初中	1971.2 ~ 2009.12
张春菊	女	甘肃临洮	高中	1975.5 ~ 2006.2
龙海梅	女	甘肃临洮	高中	1977.4 ~ 2006.2
陈淑琴	女	甘肃定西	高中	1980.5 ~ 1993
王惠园	女	甘肃定西	高中	1981.2 ~ 2012.3
刘淑选	女	甘肃通渭	高中	1977.4 ~ 2005.2
梁胜利	男	甘肃通渭	在职中专	1977.4 至今
安巧云	女	甘肃定西	初中	1987.12 ~ 2005.2
洪云霞	女	甘肃临潭	初中	2001.7 至今
王智霞	女	甘肃通渭	在职大学	2007.8 至今
王永军	男	甘肃定西	中专	2007.8 ~ 2014
齐素媛	女	河北安平	高中	2010.1 至今
闫凤英	女	甘肃定西	初中	2012.7 至今
王敏	女	甘肃陇西	硕士研究生	2016.3 至今

各时期集体合影如下:

20 世纪 70 年代合影

20 世纪 80 年代合影

20 世纪 90 年代合影

21 世纪初合影

二、中高级以上技术职称人员

中高级以上技术职称人员如表 2-3 所示。

表 2-3　中高级以上技术职称人员

职称	人数	姓名
正高级工程师	1	陈瑾
高级工程师	13	尚新明、贵立德、董荣万、张德明、张金铭、王小平、乔生彩、陆佩毅、康月琴、张金昌、李旭春、李弘毅、吴东平
副研究馆员	1	马燕
工程师	23	李登贵、赵守德、肖江东、王志功、石培忠、单书林、张定平、曲富荣、吴南江、王丽洁、刘宏斌、刘文峰、林桂芳、侯建国、赵舜梅、赵金华、张佰林、李永明、岳永文、马海霞、刘小荣、马海龙、王琨

三、各级各类注册人员

全国注册土木工程师（水利水电工程）水土保持专业人员如表 2-4 所示。

表 2-4　全国注册土木工程师（水利水电工程）水土保持专业人员

姓名	性别	通过时间（年·月）	签发单位
陈瑾	男	2011.9	中华人民共和国住房和城乡建设部、水利部、人力资源和社会保障部
王小平	男	2012.9	中华人民共和国住房和城乡建设部、水利部、人力资源和社会保障部
董荣万	男	2010.9	中华人民共和国住房和城乡建设部、水利部、人力资源和社会保障部

全国注册咨询工程师（水利水电工程）人员如表 2-5 所示。

表 2-5　全国注册咨询工程师（水利水电工程）人员

姓名	性别	专业类别	签发时间（年·月）	签发单位
陈瑾	男	水利水电工程	2007.4	中华人民共和国国家发展和改革委员会
张金铭	男	水利水电工程	2010.4	中华人民共和国国家发展和改革委员会
尚新明	男	水利水电工程	2013.4	中华人民共和国国家发展和改革委员会
张德明	男	水利水电工程	2013.4	中华人民共和国国家发展和改革委员会
董荣万	男	水利水电工程	2016.4	中华人民共和国国家发展和改革委员会

全国注册监理工程师（水利水电工程）人员如表 2-6 所示。

表 2-6　全国注册监理工程师（水利水电工程）人员

姓名	性别	监理专业	签发时间（年·月）	签发单位
乔生彩	男	水土保持	2005.11	中国水利工程协会
张金昌	男	水土保持	2005.11	中国水利工程协会
陈瑾	男	水土保持	2006.11	中国水利工程协会
王小平	男	水土保持	2006.11	中国水利工程协会
尚新明	男	水土保持	2006.11	中国水利工程协会
董荣万	男	水土保持	2007.11	中国水利工程协会
张金铭	男	水土保持	2008.11	中国水利工程协会
		水工建筑	2013.11	
刘志贤	男	水土保持	2012.11	中国水利工程协会
康月琴	女	水土保持	2013.11	中国水利工程协会

全国注册造价师（水利水电工程）人员如表 2-7 所示。

表 2-7　全国注册造价师（水利水电工程）人员

姓名	性别	从事专业	签发时间（年·月）	签发单位
王小平	男	水土保持	2007.3	中国水利工程协会
张金铭	男	水土保持	2012.3	中国水利工程协会
刘文峰	男	水土保持	2013.7	中国水利工程协会
王琨	男	水土保持	2013.7	中国水利工程协会

四、省（部）、市级专家库人员

甘肃省水利工程评标专家库入库专家名单如表 2-8 所示。

表 2-8　甘肃省水利工程评标专家库入库专家名单

姓名	性别	评标专业	评标专业号
陈瑾	男	水工建筑施工	A080802
		水工建筑监理	A050802
		水工建筑设计	A040803
王小平	男	水土保持施工	A080807
		水土保持监理	A050806
		水土保持造价	A060211
李弘毅	男	水工建筑施工	A080802
		水工建筑监理	A050802
		水工建筑设计	A040803
乔生彩	男	水工建筑施工	A080802
		水工建筑监理	A050802
		水工建筑设计	A040803

续表 2-8

姓名	性别	评标专业	评标专业号
张金铭	男	水工建筑施工	A080802
		水工建筑监理	A050802
		水工建筑设计	A040803
陆佩毅	女	水工建筑施工	A080802
		水工建筑监理	A050802
		水工建筑设计	A040803
张德明	男	水工建筑施工	A080802
		水工建筑监理	A050802
		水工建筑设计	A040803
康月琴	女	水工建筑施工	A080802
		水工建筑监理	A050802
		水工建筑设计	A040803
张金昌	男	水土保持施工	A080807
		水土保持监理	A050806
		水土保持设计	A040806
贵立德	男	生态建设和环境工程	A010132
		水土保持	A040806
		农业	A020122
董荣万	男	水工建筑施工	A080802
		水工建筑监理	A050802
		水工建筑设计	A040803

定西市建设项目环保审查市级专家名单如表 2-9 所示。

表 2-9　定西市建设项目环保审查市级专家名单

姓名	性别	参加工作时间（年·月）	技术职称	专业
陈瑾	男	1983.8	正高级工程师	水文水资源
张金昌	男	1986.7	高级工程师	园林
董荣万	男	1985.7	高级工程师	水利水电工程建筑
王小平	男	1990.7	高级工程师	水土保持
李旭春	男	1995.9	高级工程师	水利工程
康月琴	女	1996.5	高级工程师	农田水利
张金铭	男	1989.11	高级工程师	水土保持与荒漠化
李弘毅	男	2002.9	高级工程师	水土保持
陆佩毅	女	1991.6	高级工程师	水土保持

第三节　科技精英

席道隆：男，汉族，山西洪洞人，1921年3月生，中共党员。1965～1967年、1973～1979年原定西地区水土保持试验站站长，曾任通渭县县委第一书记，定西地区林业水保局副局长、党委书记，副地级离休干部。

1937年10月，在中共北方局参加革命工作；1938年6月，在延安抗大加入中国共产党；1940年11月，随部队来到延安担任杨尚昆同志秘书，后因精兵简政，在延安物资局土产公司任营业员；1945年9月，任山西临汾县区农会主席、县农会常委，1948年1月，任区委书记；1949年6月，任甘肃省皋兰县政府秘书；1950年12月，任甘肃省政策研究室秘书组组长、副主任；1953年5月，任甘肃省农村工作部处长；1955年10月，任通渭县县委第一书记；1956年12月，任定西地委委员；1960年2月，离职；1962年6月，在定西地委党校学习；1963年11月，在仁化公社先锋大队第四生产队进行社会主义教育；1965年9月，在定西地区安家坡水土保持站工作，1977年4月，任站长；1978年9月，任定西地区林业水保局副局长、党组书记；1983年5月，离休；1992年3月，经定西地委批准享受副地级待遇。

马忠孝：男，汉族，甘肃定西人，1937年3月生。1957年8月毕业于兰州农校畜牧专业，从事水土保持试验研究工作22年，担任过定西地区水保试验站科研组长、课题负责人，定西地区科技进步奖、农口工程系列中级评委会评委，甘肃省水土保持学会理事，定西地区水利学会、水土保持学会副理事长等职。高级工程师。

主持完成的"小冠花引种繁育试验"获农牧渔业部科技进步二等奖，"梯田优化技术推

广"获地区科技进步三等奖、省水利科技进步一等奖、省农技推广二等奖。作为主要研究人员参加的"旱梯田培肥保墒高产稳产技术研究"获地区科技进步三等奖;"官兴岔流域治理试点示范研究"获省科技进步二等奖。论文《干旱地区草木樨栽培利用问题探讨》《荒山栽培小冠花初探》《关于对秦祁河流域治理规划的几点看法》分别在全国草木樨学术研讨会、全国小冠花研讨会、甘肃省小流域综合治理规划学术研讨会上交流。在《中国水土保持》等刊物发表论文多篇。

1986年,获水利部献身水利水保二十八年荣誉奖(荣誉证书、奖章);1987年,获甘肃省政府农业科技推广承包先进工作者荣誉奖(证书)。

　　李斌荣：男，汉族，广东电白人，1933年7月生。1954年7月毕业于广东林业学校林学专业，同年参加工作，1981年获工程师任职资格。中国水土保持学会、甘肃省水利学会、定西地区林学会会员。

　　1979～1984年，作为主要研究人员参加完成"燃料林营造技术试验"和"小流域综合治理试验"项目；"小流域地形小气候、土壤水分特征及治理措施对位配置研究"获甘肃省科技进步二等奖、甘肃省水利科技进步一等奖；"水土保持综合治理及效益研究"获定西地区科技进步二等奖；整编完成单位1956～1985年试验研究成果资料汇编（第一期）。在《中国水土保持》《黄河建设》《甘肃农业科技》等刊物发表论文8篇。1984年，在林业科技推广工作中做出显著成绩，受到林业部表彰；1984年3月，获中国林学会劲松奖；1985年，获水利电力部献身水利、水保事业三十一年荣誉证书；1989年12月，获中国水利学会为水利事业发展辛勤工作三十年荣誉证书；1992年5月，获中国水土保持学会从事水土保持工作三十年愚公奖。

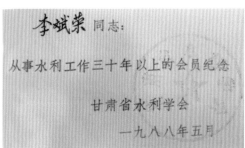

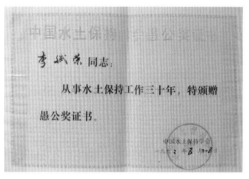

张健：男，汉族，甘肃定西人，1943年3月生，高级工程师。1970年8月毕业于北京林业大学水土保持专业。1984年，调入定西市水土保持科学研究所工作至退休，期间任副站长、党支部书记。1989年，加入中国水利学会；1992年，加入中国水土保持学会。

主持完成甘肃省小流域普查定西地区125条重点流域普查工作和"燃料林试验研究"项目；作为主要研究人员参加的"小流域地形小气候、土壤水分特征及治理措施对位配置研究"获甘肃省科技进步二等奖，"水土保持综合治理及效益研究"获定西地区科技进步二等奖；主持完成的

"甘肃中部干旱半干旱区灌木资源调查及主要水保灌木研究"项目中定西地区灌木资源调查及14个主要水保灌木研究，获省水利科技进步一等奖；主持完成"水保拦蓄效益研究""王家沟流域资源开发利用及效益研究""沙棘优良品种引种选育"等课题。在《中国水土保持》《定西科技》等刊物发表论文8篇。《发展沙棘产业是定西扶贫攻坚的有效措施》一文获甘肃省科教兴省征文三等奖。参与编写《黄土高原水土保持灌木》（中国林业出版社，1994年）。1987年，

参加黄河中游官兴岔流域试验示范项目，获甘肃省政府荣誉奖。

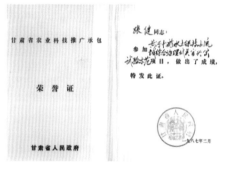

石金赞：男，汉族，河南杞县人，1933年10月生，高级工程师。1957年9月毕业于河南农学院林学系，1988年获得高级工程师任职资格。1984年，从定西地区巉口林业试验场调入定西地区水土保持科学试验站，1993年退休。中国林学会会员、中国水利学会会员、中国水土保持学会会员、甘肃省高级科技专家协会会员。

主持完成"黄土丘陵沟壑区造林技术研究"，1981年获甘肃省科委

科技成果一等奖，1983年获国家科委国家农委科技成果推广奖，1985年获国家科技进步三等奖；主持完成的"河北杨无性繁殖大田扦插育苗技术试验"，1989年获定西地区科学进步三等奖；主持完成的"黑穗醋栗引种试验"，1993年获甘肃省水利科技进步三等奖。在《中国水土保持》发表论文2篇。1992年10月起，享受国务院政府特殊津贴；1992年，荣获中国水土保持学会从事水土保持工作三十年愚公奖。

马朴真：男，汉族，甘肃临洮人，1933年8月生，中共党员。1950年12月毕业于临洮农业学校。1958年9月至1962年12月，担任安家坡农林牧试验场负责人；1982～1993年，担任定西地区水土保持试验站站长、支部书记职务；1993年6月至1994年1月，任定西地区水土保持工作总站调研员（副县级）。

作为主要研究人员参加"水土保持综合治理及效益研究"，获定西地区科技进步二等奖。

叶振欧：男，汉族，江苏南京人，1937年
11月生，高级工程师，1954年7月毕业于苏州
高级农业学校农作物专业。1954～1961年、
1980～1993年两次在定西地区水土保持试验站
工作，担任过站长职务。中国水利学会会员、中
国水土保持学会会员、甘肃省生态学会理事、甘
肃省水土保持学会理事、定西地区水土保持学会
副理事长。

主持完成的"旱梯田培肥保墒高产稳产试验
研究"项目获定西地区科技进步三等奖，参加完成的"官兴岔小流域综
合治理"项目获甘肃省农业科技推广二等奖，作为主要研究人员参加的"小
流域地形小气候、土壤水分特征及治理措施对位配置研究"获甘肃省科
技进步二等奖，作为主要研究人员参加的"水土保持综合治理及效益研
究"获定西地区科技进步二等奖，参加完成的"半干旱地区节水技术研究"
课题荣获定西地区科技进步三等奖，主持完成了"聚流农业技术研究""径
流试验研究""水土保持农业措施"等课题。在《生态学报》《中国水
土保持》等刊物发表论文9篇。

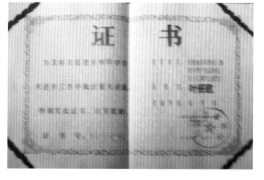

李旭升：男，汉族，北京人，初中学历，工程师。1955年参加工作，建站初期至今一直在定西市水土保持科学研究所工作，北京支甘青年。

主持完成"小流域地形小气候、土壤水分特征及治理措施对位配置"项目，获1989年甘肃省科技进步二等奖；主持完成"旱梯田培肥保墒高产稳产试验研究"项目，获1987年定西地区科技进步三等奖；主持完成"农坡地田间聚流入渗技术增产效益研究（渗水孔耕作法）"项目，获1993年甘肃水利科技进步二等奖；主持完成"半干旱地区节水技术研究"项目，获1995年定西地区科技进步三等奖；参加完成"旱作农业蓄水保土培肥耕作技术及效益研究"项目，获水利部黄河水利委员会科技进步三等奖。在《中国水土保持》等专业刊物发表论文6篇。

1985 年，获水利电力部献身水利、水保事业三十年荣誉证书； 1989 年 12 月，获中国水利学会为水利事业发展辛勤工作三十年荣誉证书； 1992 年 5 月，获中国水土保持学会从事水土保持工作三十年愚公奖。

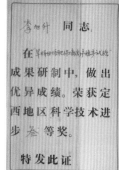

张富：男，汉族，1961 年生，1982 年本科毕业于甘肃农业大学林学专业，获学士学位；2008 年 7 月毕业于北京林业大学水土保持与荒漠化防治专业，获博士学位。1982 ~ 2001 年，在定西市水土保持科学研究所工作，先后任副站长、站长、所长职务。现为甘肃农业大学林学院研究员、硕士生导师。

主持完成的"小流域地形小气候、土壤水分特征及治理措施对位配置研究"，获 1989 年甘肃省科技进步二等奖；主持完成的"水土保持治理措施对位配置推广及深化研究"，获 1996 年甘肃省科技进步三等奖。参加的"人工汇集雨水利用技术研究" 获国家

教育部科技进步二等奖、《西北地区农业高效用水技术与示范》项目获国家科学技术进步二等奖、"祖厉河流域水利水保措施对入黄泥沙变化的影响"获甘肃省科技进步三等奖。在国内重要刊物上发表论文35篇，出版专著《黄土高原水土保持防治措施对位配置研究》。

1992年，享受国务院政府特殊津贴；先后获得"甘肃省水土保持先进个人""甘肃省优秀专家""国家有突出贡献的优秀中青年专家""国家百千万人才工程和定西地区跨世纪学术技术带头人"等荣誉称号，获"首届青年科技奖""第五届中国青年科技奖"，入选甘肃省"333科技人才工程"。

 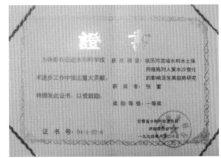

王达友：男，汉族，江苏涟水人，1942年
12月出生，中共党员，中专学历，工程师。
1960年9月至1963年7月在淮阴农业学校土壤
肥料专业学习，1963年9月至1964年9月回乡
锻炼，1964年至1989年12月在巉口林场工作，
任技术员、助理工程师、工程师，1989年至
1999年11月，在定西地区水土保持科学试验站
工作，1999年12月退休。

参加了《黄土丘陵沟壑区造林技术研究》
项目中的土壤化验工作；在定西地区水土保持
科学试验站工作期间主要负责化验室和参加项
目土壤养分、土壤水分等指标的测定工作。

万兆镒：男，汉族，甘肃靖远人，1926年9
月出生，中共党员，兰州大学肄业，主任科员。
1952年9月在甘肃省水利厅参加工作，1962年
7月调入定西地区水土保持科学试验站工作至退
休。

参加工作以来，主要参加了渭源、陇西两县
的小型水利工程建设、农科所引洪灌溉试验（临
时负责）、会宁县蔺家湾引洪漫灌试验、旱梯田
高产试验、小流域治理等试验研究工作。1952
年9月至12月在甘肃省水利厅参加农田水利训
练班，1956年7月至12月在银川参加灌溉试验
训练班。

赵元根：男，汉族，甘肃天水人，1947年
3月生，高级工程师。1966年8月毕业于甘肃
省林业学校，分配到定西地区水土保持科学试
验站工作，1984年10月调到黄河水利委员会天
水水土保持科学试验站工作。

在定西工作期间主持完成"河北杨无性繁
育试验研究""干旱地区水土保持燃料林试验
研究"等课题。在天水工作期间主持完成了"沙

棘资源开发良种选择及合理经营的综合研究"项目中的"沙棘园建设研究"专题、"小流域综合治理模式研究""青海省后子沟流域农业经济系统建设与综合研究""山西昕水河项目林草植被建设及示范推广研究",参加完成世界银行项目《造林技术规范》。1994年作为编者之一完成《东北木本药用植物》一书;论文《中国沙棘属植物引种试验初报》在国际沙棘学术交流会上交流并录入论文集;论文《全球气候变化与生物多样性》1997年5月在中国台北召开的海峡两岸森林生物技术及环境变迁对森林生态系统的影响研讨会上交流并录入论文集。论文《新疆伊犁河谷中亚沙棘考察》1991年3月获黄河水利委员会黄河中游管理局科学技术进步奖。

宁建国:男,汉族,河北卢龙人,1956年12月生,高级工程师,毕业于西北大学地理系水土保持专业,大专学历。先后担任定西地区水土保持试验站副站长、副所长职务。

开展世界银行贷款项目甘肃"定西县关川河流域水土保持综合治理工程"质量效益监测、"黄土高原水土保持防治措施对位配置"研究、"日光温室节水灌溉技术研究"等工作,取得显著成绩。

陈瑾:男,汉族,甘肃安定人,1963年12月出生,中共党员,大学本科学历,正高级工程师。1983年起一直在定西地区水保试验站工作,1999年任定西市水土保持科学研究所副所长,2013年12月起任所长。定西市环境应急专家,定西市公共资源中心评标专家,定西市水土保持学会理事,定西市高级专家协会成员,甘肃省生态学会会员。

主持完成"引洪改良盐渍地综合技术措施研究"、"水平梯田实验研究"项目第四专题、"定西集雨节灌技术开发及示范""滴灌工程示范推广""黄土丘陵沟壑区生态清洁型小流域建设试验示范研究"等科研项目。参加国家"十五"科技攻关计划项目"中国西部重点脆弱生态区综合治理技术与示范"第三课题"半干旱黄土丘陵

陈瑾 同志在全国水土流失动态监测与公告项目工作中成绩突出，特颁发此证书，以资鼓励。

水利部水土保持监测中心
soil and water conservation
monitoring center, ministry
of water resources

二〇〇九年十二月

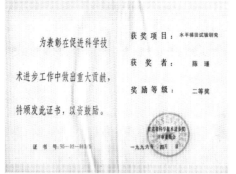

为表彰在促进科学技术进步工作中做出重大贡献，特颁发此证书，以资鼓励。

获奖项目：水平梯田试验研究
获 奖 者： 陈瑾
奖励等级： 二等奖

证 书 号：96—02—010 5

一九九六年 四月 日

定西市技术发明奖
证书

为表彰定西市技术发明奖获得者，特颁发此证书。

项目名称：一种野外观测径流小区的设施
奖励等级：二等
获奖者：陈瑾

证书号：2012-J2-02-R1

实用新型专利证书

局长 田力普

定西市科学技术进步奖
证书

为表彰定西市科学技术进步奖获得者，特颁发此证书。

项目名称：黄土丘陵沟壑区生态清洁型小流域建设试验示范研究
奖励等级：二等
获奖者：陈瑾

证书号：2013-J2-12-R1

为表彰在促进科学技术进步中做出突出贡献的公民，特颁发此证书，以资鼓励。

获奖项目：黄河华面源污染防治示范区示范
获 奖 者：陈瑾
奖励等级：武等

定西地区科学技术奖励委员会

证书号：2001-J-2-00/6

二〇〇一年十一月

甘肃省科学技术进步奖
证书

为表彰甘肃省科学技术进步奖获得者，特颁发此证书。

项目名称：黄土丘陵沟壑区生态综合整治技术开发
奖励等级：二等
获奖者：陈瑾

证书号：2014-J2-029-R8

2015年02月16日

陈瑾 同志：
你完成的 滴灌
工程示范推广
成果，荣获一九八八年
度定西地区科学技术进
步叁等奖。

特发此证

定地科奖证字983-3-00/5号

一九八八年 月

沟壑区水土流失防治技术与示范"项目的研究工作,获 2007 年甘肃省科技进步二等奖。参加全国水土保持动态监测与公告项目,主持安家沟综合典型监测站建设,通过了水利部组织的验收。参加"十一五"国家科技支撑课题《黄土丘陵沟壑区生态综合整治技术开发》项目的研究工作。先后获得甘肃省级科技进步二等奖 2 项,定西市科技进步二等奖 3 项、三等奖 2 项,甘肃省水利科技进步特等奖 1 项,中华人民共和国实用新型专利 1 项,并获市级科技发明二等奖。在国家级省级刊物和省级以上学术会议上交流、发表科技论文 19 篇。

1997 年被评为定西地区跨世纪学术技术带头人, 2009 年被评为全国水土保持监测先进个人。

李旭春:男,汉族,1972 年 12 月生,甘肃会宁人,中共党员,硕士,高级工程师,副所长。1995 年 6 月毕业于张掖师专计算机应用专业,2003 年 7 月获得西北师大计算机科学技术本科学历,2011 年 12 月获得甘肃农业大学农业推广硕士学位。定西市公共资源交易中心专家库评审专家。

参加完成 "定西黄土高原丘陵沟壑区第五副区侵蚀沟道特征与水沙资源保护利用研究",

成果水平达国内领先,获市科技进步二等奖;"半干旱区农业生态资源高效利用模式研究",成果水平达省内先进。目前正在主持"渭水源生态系统的演变、发展趋势、恢复技术模式研究"科研项目。负责"全国水土流失动态监测与公告项目",先后主持完成了安家沟典型小流域 2011 ~ 2013 年监测成果。论文《半干旱地区不同植被覆盖下土壤水分变化状况分析》发表于 2011 年第 28 期《科技资讯》上,《黄土丘陵沟壑区不同植被减蚀、减流效应研究》发表于 2012 年第 3 期《甘肃林业科技》上。

王小平：男，汉族，生于 1967 年 7 月，陕西合阳县人，高级工程师。1990 年 7 月毕业于甘肃农业大学，同月于定西市水土保持科学研究所参加工作至今。曾任定西水保科研所规划室副主任、主任，2012 年 6 月任定西市水土保持生态工程规划设计院总工程师职务；2014 年 9 月至今，任定西市水土保持科学研究所副所长。

作为主要研究人员参与完成 "定西黄土丘陵沟壑区土壤侵蚀规律研究"、"黄土高原丘陵沟壑区农业生态环境治理技术体系研究"等科研项目，成果达到国内先进或省内领先水平。与兰州大学协作完成 "陇中黄土高原祖厉河流域生态过程—土壤水分过程耦合机制研究"，成果达国内先进水平。参与编写《重塑黄土地》系列丛书《陇中黄土丘陵区生态环境建设与农业可持续发展研究》。完成水保科研共 8 项，其中作为主要研究人员完成 4 项，获地厅奖 3 项。先后在国内杂志发表论文 9 篇，其中国家级 4 篇，省级 5 篇。2000 年至今，参与和主持规划设计与方案编制总计 66 项，通过地级审查 22 项，省级审查 37 项，部级审查 7 项，涉及水土保持的各个方面。

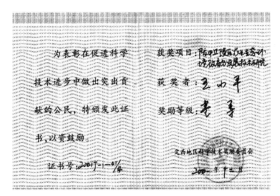

李弘毅：男，汉族，定西市安定区人，生于1980年3月，毕业于甘肃农业大学林学院水土保持专业，本科学历，高级工程师，副所长。

参加完成《黄河水土保持生态工程泾河流域田家沟小流域坝系可行性研究》《国家重点公路太原至澳门公路广东省碧江（沙溪）至中山（月环）段工程水土保持方案报告书》等项目，并通过有关单位组织的技术评审。参加完成《黄河水土保持生态工程大夏河流域和政项目区小流域综合治理可行性研究、初步设计》

（2008年），主持完成《国家水土保持重点工程甘肃省黄河流域渭河支流漳县龙川河项目区小流域综合治理实施方案》（2009年）、《省道313线郎木寺至玛曲公路工程水土保持方案报告书》（2010年）、《甘肃省易灾地区生态环境综合治理渭源县大沟项目区水土保持工程可行性研究》（2011年）、《国电海南西南部电厂工程水土保持方案报告书》（2012年）、《定西市安定区马家岔骨干坝除险加固工程初步设计》（2013年）、《甘肃省岷县漳县6.6级地震灾后恢复重建岷县禾驮乡随固沟流域水土保持工程初步设计》（2014年）等6个岷县地震灾后恢复重建项目，通过有关部门组织的技术评审。在《中国水土保持》《甘肃林业科技》《甘肃农业科技》等刊物发表论文3篇。

乔生彩：男，汉族，甘肃临洮人，生于1967年9月，1990年7月毕业于甘肃农业大学林学系水土保持专业，大专学历，中共党员，高级工程师，现任定西市水土保持科学研究所总工程师。曾参加《中尼南南合作项目》援外工作，在尼日利亚OGUN State S ＄ D Farm 工作。2008 ~ 2009年在广东省水电勘测设计研究院工作。

完成了《引洪改良盐渍地综合技术措施研究》《水平梯田试验研究》《滴灌工程示范推广》《半干旱区芦笋栽培及效益研究》等科研项目。参与完成了《岷县东沟精品示范小流域工程施工设计报告》《岷县水土保持生态环境建设规

划》《甘肃省洮阳镇水电站工程水土保持方案报告书》。主持完成了《华亭发电厂一期2×135 MW工程水土保持工程监理报告》《太(原)澳(门)公路广东省顺德(碧江)至中山(沙溪)段水土保持监测报告》等监理、监测项目。在省级刊物发表了《干旱山区雨水集蓄利用的效益及思考》《安家沟流域农林草地径流侵蚀模数的相关分析》科技论文2篇。获得甘肃省水利科技进步特等奖1项、定西市科技进步三等奖2项。

获得定西市水土保持普查先进个人称号,定西市水利水保处先进工作者称号。

贵立德:男,1964年出生,定西市安定区人,1986年7月毕业于西北农业大学,本科学历,学士学位,2002年晋升为高级工程师。2002年被评为定西地区地管知识分子拔尖人才;2005年被甘肃省农业发展促进中心、甘肃省农业专家咨询团特聘为专家。

1993年主持的"农坡地田间聚流入渗技术增产效益研究"课题获甘肃省水利科技进步二等奖;1994年参与研究的"旱作农业蓄水保土培

肥耕作技术及效益研究"获水利部黄河水利委员会科技进步三等奖;主持完成的"半干旱地区节水技术研究"课题荣获1995年度定西市科技进步三等奖;主持完成的"定西县食用菌生产技术示范"课题荣获2000年度定西市科技进步一等奖;主持完成的"定西县旱作区粮食作物集雨沟栽培技术示范"课题荣获2001年度定西市科技进步二等奖;2014年主持完成的"陇中半干旱黄土丘陵沟壑区流域生态经济可持续发展研究"项目获得定西市科学技术进步二等奖。

在《干旱地区农业研究》《水土保持通报》《安徽农业科学》《中国水土保持》等刊物发表学术论文多篇。

尚新明：男，汉族，甘肃通渭人，1965 年 7 月出生，中共党员，大学专科毕业，高级工程师，现在定西市水土保持科学研究所工作，曾任总工程师职务。

主持参加完成"河北杨大田扦插育苗技术推广""黑穗醋栗引种试验研究"项目，成果获 1992 年甘肃省水利科学技术进步三等奖。主持完成"半干旱区芦笋栽培及效益研究"等项目，成果达到国内先进和国内领先水平，获甘肃省水利科技进步三等奖 1 项和二等奖 2 项。作为在定西试区的主要负责人，参加完成国家"九五"攻关专题"人工汇集雨水利用技术研究"项目在定西试区的全部试验研究工作，成果达到国际先进水平，2002 年获国家教育部科技进步二等奖。作为主要研究人员完成"半干旱地区生态修复技术与可持续发展研究"项目，成果水平达到国内领先，并获 2007 年度定西市科技进步二等奖。在国内各种学术刊物发表和交流与研究内容相关的论文 23 篇。

1998 年被定西地区机关工委授予"优秀共产党员"荣誉称号，1999 年选拔为地区跨世纪学术带头人，2002 年被市委组织部选拔为市管拔尖人才。2011 年、2012 年及 2014 年分别被市水务局和省水利厅表彰为全市水利先进个人和全省第一次全国水利普查先进个人荣誉。

董荣万:男,汉族,1965年1月生,甘肃临洮人,民进会员,大学本科学历,高级工程师。1985年7月参加工作,2002～2014年曾任副所长、副院长。浙江省水利厅、国家水利部水土保持方案专家库评审专家。

主持完成国家"八五"科技攻关项目子课题"定西黄土丘陵沟壑区土壤侵蚀规律研究",获1996年度甘肃省水利科技进步三等奖;参加"定西黄土丘陵沟壑区高效农业生态区建设与发展研究",获1996年度甘肃省农业科技进步一等奖。在《水土保持通报》《中国水土保持》等期刊发表论文8篇。

主持完成生产建设项目水土保持方案报告书30多项。主持完成4项小流域治理实施方案、3条坝系可研报告以及46座单坝设计。审查浙江省小流域综合治理项目10多项、浙江省生产建设项目水土保持方案30多项。

作为第二指导老师培养硕士研究生1名。

张德明：男，汉族，生于 1968 年 7 月，1992 年 6 月毕业于甘肃农业大学土化系土壤与植物营养专业，在定西市水土保持科学研究所从事水土保持工作，高级工程师。

参加完成《定西市渭水源头综合治理项目建议书》《岷县鹿峰金矿水土保持方案报告书》《漳县骆家沟精品小流域施工设计报告》《甘肃省洮阳镇水电站工程水土保持方案报告书》《临夏州（折桥镇）至定西市（红旗乡）二级公路工程水土保持方案报告书》《甘谷祁连山水泥有限公司新型干法水泥生产线工程（3 000 t/d）水土保持方案报告书》《甘肃岷县职教中心面山水土保持综合治理工程实施方案》等。在《农业系统科学与综合研究》《农业科技与信息》《甘肃农业》发表学术论文多篇。

张金铭：男，汉族，1967 年 3 月生，甘肃陇西人，中共党员，农业推广硕士，高级工程师。取得全国注册咨询工程师、注册监理工程师、水利工程建设监理工程师证书。甘肃省水利工程建设项目评标专家库专家，定西市公共资源交易中心专家库评审专家。

参加完成大夏河和政项目流域治理、泾川田家沟坝系等可行性研究报告 3 项；主持完成武山县尹家沟骨干坝初步设计、安定区马家岔骨干坝除险加固设计等 20 多项；主持完成哈尔钦至青海久治黄河桥工程、甘肃祁连山水泥集团股份有限公司漳县3 000 t/d 水泥生产线工程等生产建设项目水土保持方案报告书30多项；主持完成岷县刘家浪水电站扩机（5#）工程、2013年中央预算内投资项目甘肃省陇西县高台山流域水土保持综合治理工程等水土保持监测项目4项；主持完成漳县3 000 t/d 新型干法水泥生产线工程等生产建设项目水土保持设施验收技术评估2项。

在《中国水土保持》专业期刊发表论文2篇。

陆佩毅：女，甘肃临洮人，生于1970年7月，1991年6月毕业于甘肃农业大学水土保持专业，大专学历，从事水土保持工作20多年，2011年12月获得高级工程师任职资格。从事水土保持科研、规划设计和开发建设项目水土保持方案编制等工作。

参加完成《青海省同仁县隆务镇西山综合治理工程水土保持方案报告书》《青海省互助县青岗峡水电站水土保持方案报告书》，主持完成《黄河水土保持生态工程甘肃省东乡族自治县陈家沟小流域坝系工程陈家沟中型坝初步设计》，通过有关部门组织的技术评审会审查。主持完成《陇西县巩昌镇十里铺砖瓦厂水土保持方案报告书》《黄河水土保持生态工程甘肃省武山县张家沟小流域坝系工程油雁沟小型坝初步设计》《陇西县红星建材厂水土保持方案报告书》《陇西县福星建材厂水土保持方案报告书》，通过有关部门组织的技术评审会审查。在《甘肃水利水电技术》等刊物发表学术论文2篇。

康月琴：女，生于1968年9月，1993年6月毕业于甘肃广播电视大学农学专业，2005年7月甘肃农业大学农业水利工程专业本科毕业。1996年5月参加工作，从事水利水保专业年限17年。参加工作以来一直从事水利管理及水土保持科研、规划设计和开发建设项目水土保持方案编制等工作。

参加完成《青海省同仁县隆务镇西山综合治理工程水土保持方案报告书》《青海省互助县青

岗峡水电站水土保持方案报告书》，主持完成《黄河水土保持生态工程甘肃省东乡族自治县陈家沟小流域坝系工程张王庄小型坝（GX3）初步设计》《陇西县巩昌镇西街村建材厂水土保持方案报告书》《甘肃省易灾地区生态环境综合治理渭阳乡大沟项目区水土保持工程可行性研究报告》《通渭县三铺乡项目区坡耕地水土综合整治工程建设实施方案》等，通过有关部门组织的技术评审会审查。在《甘肃农业》等刊物发表学术论文 2 篇。

张金昌：男，汉族，甘肃通渭人，生于1967 年 9 月，1986 年 7 月毕业于甘肃省林业学校，1999 年 6 月毕业于西北林学院园林专业。高级工程师。

主持完成"沙棘良种引种选育试验研究"项目，通过甘肃省水利厅水保局验收；参加完成"半干旱黄土丘陵沟壑区水土流失防治技术与示范"项目，获甘肃省科技进步二等奖；参加完成"甘肃中部干旱、半干旱区灌木资源调查及主要水保灌木研究"项目，获甘肃省科技进步三等奖；参加完成"半干旱区生态修复技术及可持续发展研究"项目、"定西黄土丘陵沟壑区第 V 副区侵蚀沟道特征与水沙资源保护利用研究"项目，获定西市科技进步二等奖；主持或参加完成的"华能玉环电厂4×1 000 MW 机组一期、二期工程水土保持监理、监测""内蒙古大唐国际天然气管路工程水土保持监理、监测""海南昌江核电工程水土保持监理、监测"等 7 个项目，均通过水利部组织的竣工验收；主持完成 "甘肃省陇西县高台山小流域水土保持综合治理工程施工监理"等 4 项生态工程监理、监测项目；主持或参加完成了《甘肃省岷县漳县 6.6 级地震灾后恢复重建漳县小型拦蓄工程初步设计》《甘肃岷县池那湾小流域水土保持综合治理工程实施方案》等 8 项初步设计。

在《中国水土保持》《林业科技通讯》《沙棘》《国际沙棘研究与开发》《甘肃林业科技》等刊物发表论文 9 篇。

1999年9月被定西地委、行署授予"定西地区跨世纪学术技术带头人"荣誉称号。

吴东平：男，汉族，甘肃定西人，1962年8月生，1996年6月毕业于甘肃农业大学灌溉工程专业，2010年毕业于甘肃农业大学农业水利工程专业，高级工程师。2004年至今从事水土保持试验研究管理工作，担任过所长、支部书记等职务。

参加完成的"黄土丘陵沟壑区生态清洁型小流域建设试验示范研究"获定西市科技进步二等奖，"陇中黄土高原生态安全格局分析与评价研究"获甘肃省科技进步二等奖，"一种野外观测径流小区的设施"获定西市技术发明二等奖。在《中国水土保持》发表论文《定西市梯田埂坎林绿化效益分析》。

马燕：女，汉族，1978年11月生，定西市定西人，中共党员，2000年6月毕业于甘肃农业大学，大学本科，副研究馆员。

参加完成黄河水土保持生态工程泾河流域田家沟小流域坝系工程、易灾地区生态环境渭源大沟项目区可行性研究报告2项，黄河水土保持生态工程大夏河流域和政项目、甘肃省岷县职教中心面山工程实施方案2项，以及深圳外环公路、陇西县龙洲建材有限公司三台砖瓦厂、省道313线水保方案郎木寺至玛曲公路工程、东乡族自治

县坪庄沟上游综合整治与开发水土保持方案报告书 4 项。在《定西发展》《档案》等刊物发表论文 5 篇。

2012 年度荣获定西市水土保持局党总支"争先创优好党员"称号；2013 年度荣获全市"档案先进工作者"称号；2014 年度荣获全市"档案管理先进工作者"称号。

万廷朝：男，汉族，甘肃靖远人，1957 年 10 月生，1985 年 7 月毕业于甘肃省水利学校，2003 年毕业于中央广播电视大学园艺专业。1981～1992 年，在定西地区水土保持试验站从事水土保持试验研究工作，担任过定西地区水土保持试验站副站长职务。高级工程师。

参加完成的"定西黄土丘陵沟壑区高效农业生态区建设与防治研究"获甘肃省农业科技进步一等奖；"定西黄土丘陵沟壑区土壤侵蚀规律研究"获甘肃省水利科技进步三等奖；"甘肃省水土保持小流域生态系统建设试验示范"获甘肃省水利科技进步一等奖；"甘肃省水土保持治沟骨干工程建设管理技术标准"获甘肃省水利科技进步二等奖；"黄土高原半干旱地区径流调控技术体系研究"获甘肃省水利科技进步一等奖。主持完成"甘肃省定西地区水土保持生态环境建设规划""甘肃省定西市黄土高原地区近期水土保持淤地坝建设规划"，参加了 17 个开发建设项目水土保持方案审查，同时编制完成《定西市开发建设项目水土保持监督执法专项行动实施计划》。在《中国水土保持》《水土保持科技情报》等刊物发表论文多篇。

李登贵：男，汉族，甘肃定西人，1958 年 11 月出生，中专学历，工程师。1978 年至今一直在定西市水土保持科学研究所工作。

主要参加完成"小流域地形小气候、土壤水分特征与治理措施对位配置"项目，获 1989 年甘肃省科技进步二等奖；主持完成"水土保持治理措施对位配置推广研究及深化研究"项目,获 1996 年甘肃省科技进步三等奖。参加完成"水土保持治理措施及效益研究""通渭张家山小流域水土保持综合治理效益途径研究"项目,分别获得 1990 年、1991 年定西地区科技进步二等奖;参加完成"半干旱地区雨水资源化潜力及农业可持续发展研究"项目,获 2001 年甘肃省水利科技进步二等奖;参加完成"人工汇集雨水利用技术研究"项目,获教育部科技成果完成者证书。在《中国水土保持》等专业刊物发表论文 3 篇。

1997 年,被选拔为地区级跨世纪学术技术带头人。

郑国权：男，1972年1月出生，甘肃通渭人，硕士，高级工程师。1996年2月至1996年9月在甘肃省定西市水土保持科学研究所工作，现在广东省水利电力勘测设计研究院任职，担任资源与环境设计分院院长，中国水土保持学会规划专业委员会副主任委员，广东省水土保持学会副理事长。1995年7月毕业于中山大学，获学士学位，1999年获中山大学自然地理专业硕士学位。主要从事水土保持、环境保护、水资源保护和移民征地工作。

许富珍：男，汉族，甘肃通渭人，1964年7月出生，工程师。1986年7月毕业于临洮农校，1995年毕业于西北林学院水土保持专业，2005年毕业于甘肃农业大学农田水利工程专业。1986～1997年，在定西地区水土保持试验站从事水土保持试验研究工作。1997年，调入定西地区水土保持工作总站从事水土保持管理工作，先后任定西地区水土保持工作总站秘书科副科长、预防监督科科长、秘书科科长，现任定西市水土保持局副局长。

参加完成的《水土保持治理措施对位配置推广及深化研究》获甘肃省科技进步三等奖、甘肃省水利科技进步二等奖，《张家山小流域水土保持综合治理提高效益途径研究》获定西地区科学技术进步二等奖、通渭县科技进步一等奖。

郭彦彪：男，1973年12月出生，甘肃通渭人，现于华南农业大学资源环境学院任教，博士，副教授，硕士生导师，广东省水土保持学会理事。1997年7月毕业于甘肃农业大学，获学士学位，2003年获西北农林科技大学水土保持与荒漠化防治硕士学位，2013年12月在华南农业大学取得博士学位。1997年7月至2000年9月在甘肃省定西市水土保持科学研究所工作，2015年4月至2016年4月在美国明尼苏达大学交流访问。

主要从事水土保持和水肥一体化方面的教学科研工作。先后主持过国家自然科学基金、广东省自然科学基金、广东省科技计划项目、广东省水利科技创新项目及横向项目，作为主要参加人参加过20多项各类科研项目，擅长水土流失规律、植被恢复和设施灌溉施肥技术方面的研究和技术推广。主编和副主编论著各1部，参编4部，在国内外刊物上以第一作者或通讯作者发表论文16篇。

朱正军：男，汉族，甘肃临洮人，1967年6月出生，高级工程师。1991年毕业于西北林学院水土保持专业。1991～1997年在定西地区水土保持试验站工作。1997年调到定西市水土保持工作总站工作，担任水土保持监测分站站长等职务。

参加工作以来一直从事水土保持工作，参加了安家坡流域水土保持拦蓄效益研究，全区水土保持综合治理三十年规划，国家重点县二期工程定西片扩片规划和定西地区洮河流域水土保持综合治理一期规划。参与或主持完成了《甘肃省定西地区水土保持生态环境建设规划》《岷县雪地河精品示范小流域工程施工设计报告》《黄河流域定西县余家岔小流域水土保持生态工程可行性研究报告》《黄河流域临洮县羊嘶川小流域水土保持生态工程可行性研究报告》《黄河水保生态工程定西县余家岔小流域水土保持工程初步设计》《黄河流域临洮县羊嘶川小流域水土保持生态工程初步设计报告》等多项水土保持

规划设计工作。在《中国水土保持》《全国水土保持生态修复研讨会论文汇编》等刊物发表论文8篇。

朱兴平：男，汉族，1968年10月出生，甘肃漳县人，1990年7月毕业于西北农业大学农业经济与管理专业，硕士学位，1990～2002年在定西地区水土保持科学研究所工作，任副总工程师，现任渭源县人民政府副县长（挂职）。

参加完成的"定西黄土丘陵沟壑区土壤侵蚀规律研究"获甘肃省水利科技进步三等奖；"定西黄土丘陵沟壑区高效农业生态区建设与发展研究"荣获甘肃省科技进步二等奖。参加完成了"陇中（定西）丘陵区作物抗旱丰产及经济综合发展研究""小流域雨水资源可持续利用技术研究"。在《甘肃农业科技》《中国水土保持》《农业系统工程青年研究文集》等刊物发表论文多篇。

王健：男，汉族，甘肃安定人，1967年11月生，高级工程师，1990年7月毕业于西北农业大学水资源规划与利用专业，工学学士。在定西市水土保持科学研究所工作期间担任节灌室副主任，现担任广东省水利水电技术中心水保科技术负责人。

在定西市水土保持科学研究所工作期间参加完成的"半干旱区芦笋栽培及效益研究"获甘肃省水利科技进步三等奖；参加完成的"农

坡地田间聚流入渗技术增产效益研究（渗水孔耕作法研究）"获甘肃省水利科技进步二等奖；参加完成的"半干旱地区节水技术研究"获定西地区科技进步三等奖；参加完成的"滴灌工程示范推广"获定西地区科技进步三等奖。在《中国水土保持》《甘肃水利水电技术》《甘肃农业科技》等刊物发表论文9篇。

吴祥林：男，汉族，甘肃康乐人，1953年7月生，中共党员，高级工程师，大学普通班学历。历任定西地区水利水保处水保科负责人、科长，定西地区水土保持工作总站综合科副科长、副总工程师、总工程师、调研员。2000～2004年，兼任定西市水土保持科学研究所所长。

主持完成"定西地区黄土高原水土保持专项治理规划""定西地区水土保持治沟骨干工程规划""祖厉河流域水土保持规划""定西地区渭河流域水土保持规划""定西地区洮河流域水土保持规划""定西地区梯田建设规划"。主持完成的安定区余家岔、播岜沟和漳县王家沟3座水土保持治沟骨干工程被黄河上中游管理局评为优质工程。获甘肃省科技进步三等奖1项、甘肃省农业技术推广一等奖1项、甘肃省水利科技推广一等奖1项、甘肃省水利科技进步二等奖1项、定西地区科技进步三等奖1项。1993~1995年主持完成的余家岔、播岜骨干坝获黄河上中游管理局优秀工程。在《中国水土保持》发表论文2篇。

1992 年，被黄河上中游管理局评为先进个人；1998 年，被定西地委、行署评为学术带头人。

第四节 科研论文

职工历年发表论文统计表如表 2-10 所示。

表 2-10 职工历年发表论文统计表

序号	日期(年·月)	论文名称	出版情况	作者
1	1990.7	西北半干旱区林地土壤水分动态研究	《中国水土保持》	张富
2	1990.8	甘肃礼县刘家沟泥石流调查报告	《长江上游泥石流预警系统调查报告集》	陈瑾
3	1990.11	浅议山区农业与水土保持	《定西第二次经济建设理论研讨会》	陈瑾
4	1991.2	黑穗醋栗在定西硬枝扦插育苗技术	《定西科技》	尚新明
5	1991.5	河北杨大田扦插育苗技术	《中国水土保持》	肖江东

续表 2-10

序号	日期(年·月)	论文名称	出版情况	作者
6	1991.7	黄土丘陵区小流域生态位特征及植物对位配置研究	《水土保持学报》	张富
7	1991.11	水土保持综合治理的技术效应	《中国水土保持》	张富
8	1992.2	河北杨大田扦插育苗技术要点	《定西科技》	肖江东
9	1992.3	半干旱区的新修梯田作物选择与轮作制度	《中国水土保持》	张富，宁建国
10	1992.3	黑穗醋栗在定西半干旱区生长适应性	《甘肃科技》	尚新明
11	1992.3	高泉沟流域径流泥沙的来源分配及治理措施配置	《黄土高原小流域综合治理与发展》	万廷朝，董荣万
12	1992.3	关川河流域水土保持质量效益监测及成果分析	《中国水土保持》	张富
13	1992.12	水土保持综合治理的结构效应	《中国水土保持》	张富
14	1993.1	新型聚流农业生产技术研究	《中国水土保持》	王健
15	1993.1	黑穗醋栗引种试验研究	《中国水土保持》	石金赞，肖江东，尚新明
16	1993.1	抗旱耐碱保土灌木白刺的综合效益研究	《中国水土保持》	张健，张金昌
17	1993.1	刍议定西地区南部泥石流防治途径	《中国水土保持》	陈瑾
18	1993.1	黄丘五副区土地利用方式与土壤侵蚀关系研究	《中国水土保持》	张富，赵守德
19	1993.3	黑穗醋栗引种试验研究	《中国水土保持》	石金赞，肖江东，尚新明
20	1993.5	河北杨大田扦插育苗技术	《中国水土保持》	石金赞，张富
21	1993.6	半干旱区梯田生产潜力及以水分供应为基础的产量模型	《甘肃省试点小流域综合治理开发学术研讨会》	陈瑾
22	1994.4	黑穗醋栗在定西进行绿枝扦插	《甘肃科技》	尚新明
23	1994.8	小流域水土保持综合治理模式及其效益对比研究	《中国水土保持》	张富，赵守德，许富珍

续表 2-10

序号	日期(年·月)	论文名称	出版情况	作者
24	1994.11	引洪改良盐渍地综合技术措施研究	《人民黄河》	陈瑾
25	1996.3	定西地区葡萄越冬覆土技术	《甘肃科技》	尚新明
26	1996.6	定西半干旱区降水特征分析及农业持续发展的匹配对策	《干旱地区农业研究》	尚新明
27	1996.6	黄丘五副区降雨和地形因素与坡面水土流失关系研究	《中国水土保持》	万廷朝
28	1996.7	半干旱区降水资源高效利用技术研究	《中国水土保持》	王健
29	1996.8	21世纪甘肃农业可持续发展的问题与对策	《农业系统工程青年研究文集》	朱兴平,王小平
30	1996.12	水土保持与社会经济发展	《定西地区农业经济发展问题探讨》	陈瑾
31	1996.12	定西地区重点治理流域抗旱减灾成效分析	《中国水土保持》	陈瑾
32	1997.2	集流节灌是雨养农业持续发展的主要支柱	《中国水土保持》	张富
33	1997.11	定西地区气候资源生产潜力及土地人口承载力分析评价	《农业系统科学与综合研究》	尚新明
34	1997.12	高泉沟小流域高效农业生态区建设	《中国水土保持》	万廷朝
35	1997.4	定西地区集雨滴灌工程模式化初探	《水土保持科技信息》	王健
36	1998	半干旱区雨水集蓄补灌技术研究及效益分析	《甘肃水利水电技术》	王健
37	1998.1	甘肃中部黄土丘陵区雨水利用	《全国首届雨水利用学术会议暨东亚地区国际研讨会交流论文集》	陈瑾
38	1998.1	甘肃中部黄土丘陵区雨水利用	《甘肃水利水电技术》	陈瑾
39	1998.4	产业化发展可以把沙棘资源优势转化为经济优势	《中国水土保持》	张金昌
40	1998.4	定西黄土丘陵沟壑区土壤侵蚀因子与小流域产流、产沙的关联分析	《农业系统科学与综合研究》	王小平,张德明
41	1998.6	定西黄土丘陵沟壑区土壤侵蚀规律研究	《水土保持通报》	董荣万,万廷朝,何增化,朱兴平,王小平

续表 2-10

序号	日期(年·月)	论文名称	出版情况	作者
42	1998.4	汇集雨水补灌农技措施研究初报	《水土保持通报》	张玉斌,黄占斌,张富,尚新明
43	1998.12	建设雨养区高效生态农业方法	《定西科技》	朱正军
44	1998.4	引进辽阜沙棘杂种苗栽培试验初报	《沙棘》	张金昌
45	1999.1	黄土丘陵高效集雨系统布局的设计方法与实践	《甘肃科技》	陈瑾
46	1999.1	随机相关解集模型在集雨节灌工程设计中的应用	《甘肃水文水资源》	史卫东,董荣万
47	1999.2	雨养区水保型高效生态农业建设探索	《中国水土保持》	朱正军
48	1999.2	旱地雨水入渗地表覆盖种植与节水增产效益	《甘肃科技》	尚新明
49	1999.2	水土保持径流小区监测方法探讨	《水土保持通报》	陈瑾
50	1999.5	土壤水资源与旱地农业持续发展	《水土保持科技信息》	朱正军
51	1999.6	甘肃中部地区雨水蓄集利用与农村经济发展	《干旱地区农业研究》	尚新明
52	1999.8	土壤水分高效利用技术研究	《甘肃科技》	朱正军
53	1999.12	雨水汇集利用与半干旱地区农业可持续发展	《农业系统科学与综合研究》	尚新明
54	1999.12	当前国内外水资源利用现状与节水型高效农业发展展望	《甘肃科技》	张富,尚新明
55	1999.12	半干旱区水土保持面临的困境与对策	《中国水土保持》	张富
56	1999.8	在定西地区南部发展喷灌前景广阔	《甘肃科技》	王健
57	2000.8	对梯田、集雨节灌、退耕还林（草）建设的实践认识	《甘肃科技》	尚新明
58	2000.4	半干旱地区春小麦有限补灌节水增产技术研究	《水土保持学报》	尚新明,郭彦斌,张富,黄占斌,李秧秧

续表 2-10

序号	日期(年·月)	论文名称	出版情况	作者
59	2001.6	美国大平原开发历程对我国生态环境建设的启示	《中国水土保持》	张富
60	2001.7	半干旱地区集雨节灌优化模式及效益研究	《全国雨水利用学术研讨会暨国际研讨会论文集》	尚新明
61	2001.7	半干旱地区雨水资源化潜力研究	《全国雨水利用学术研讨会暨国际研讨会论文集》	张富,尚新明
62	2001.7	在新疆杨造林中施用 PAL 试验研究	《林业科技通讯》	张富,张金昌,赵金华
63	2001.12	半干旱区降水资源高效利用与农业可持续发展	《甘肃水利水电技术》	王健
64	2003.9	西部半干旱地区水资源配置与植被恢复技术研究	《甘肃林业持续发展方略研讨会论文集》	尚新明
65	2003.8	黄土高原丘陵沟壑区生态用水资源利用研究	《水土保持通报》	尚新明
66	2003.9	沙棘温棚嫩枝扦插育苗技术	《甘肃林业科技》	张金昌
67	2003.12	定西市实施全国坡耕地水土流失综合治理试点工程的实践与探索	《中国水土保持》	赵金华
68	2004.3	不同沙棘品种在定西的生长情况对比分析	《国际沙棘研究与开发》	张金昌,赵金华,李永明
69	2004.4	甘肃中部干旱区降水资源利用率低的原因与高效利用措施	《甘肃农业科技》	王健
70	2004.6	半干旱地区生态农业示范区建设研究	《水土保持科技情报》	万廷朝
71	2004.7	田家沟小流域坝系工程总体布局方案比选	《中国水土保持》	董荣万,尤凤
72	2004.7	黄土高原植被时空演替特征和恢复技术途径探讨	《全国水土保持生态修复研讨会论文汇编》	朱正军
73	2004.7	漳县竹林沟流域水土保持生态修复模式	《全国水土保持生态修复研讨会论文汇编》	张金昌,吴祥林
74	2004.7	半干旱黄土丘陵沟壑区水土保持生态修复效益监测与评价	《全国水土保持生态修复研讨会论文汇编》	张金昌,吴祥林,贵立德
75	2005.6	乌兰格木沙棘引种试验简报	《全国沙棘研究与开发》	张金昌,赵金华
76	2005.6	半干旱区小流域暴雨资源无害化利用研究的探讨	《甘肃农业科技》	王小平,董荣万

续表 2-10

序号	日期(年·月)	论文名称	出版情况	作者
77	2005.7	引洪漫淤改良盐渍地技术措施研究	《定西科技》	石培忠
78	2005.12	龙王台水电站工程弃渣场优化设计	《甘肃水利水电技术》	董荣万
79	2006.3	论市场经济条件下科技档案管理体系建设	《定西发展》	马燕
80	2006.4	浅谈沙棘灌木林在陇中地区水土保持建设中的作用	《定西科技》	张佰林
81	2006.6	黄土高原生态恢复和重建研究	《中国水土保持》	王小平,李弘毅
82	2006.11	广东西南部地区开发建设项目土壤侵蚀强度监测方法探讨	《中国水土保持》	宁建国
83	2007.8	定西地区生态修复效果研究	《中国水土保持》	尚新明,李永明
84	2008.8	半干旱黄土丘陵沟壑区生态修复模式初探	《农业科技与信息》	张德明,尚新明,赵金华
85	2008.8	定西黄土丘陵沟壑区不同土地利用类型水土流失研究	《中国水土保持》	张金铭,王小平
86	2008.8	半干旱生态修复区农村经济发展变化浅析	《甘肃农业》	张德明
87	2008.8	浅谈水土保持与生态环境建设	《广东水利电力职业技术学院学报》	张德明
88	2008.10	定西引洮入定后水资源利用及节水技术	《甘肃科技》	尚新明
89	2008.11	通渭县水土保持生态修复效果监测	《中国水利》	李永明
90	2008.12	半干旱地区受害生态系统修复技术探讨——以甘肃定西水土保持生态修复项目为例	《甘肃科技》	尚新明
91	2009.2	增量效益费用比法优选确定骨干坝设计淤积年限——以甘肃省东乡族自治县陈家沟小流域坝系工程八家下骨干坝初设为例	《中国水土保持》	张金铭,董荣万,刘文峰
92	2009.4	定西城市雨水利用初探	《定西科技》	王丽洁
93	2010.3	干旱山区雨水集蓄利用的效益及思考	《甘肃农业科技》	乔生彩

续表 2-10

序号	日期(年·月)	论文名称	出版情况	作者
94	2010.5	安家沟流域农林草地径流侵蚀模数的相关分析	《甘肃农业科技》	乔生彩
95	2010.6	影响嘉陵江流域水土流失的驱动力因素分析	《地质灾害与环境保护》	贵立德,焦金鱼
96	2010.8	环境敏感区开发建设项目水土保持措施研究	《甘肃水利水电技术》	陆佩毅
97	2010.10	浅析定西市城区绿地灌溉中存在的问题和对策	《定西科技》	刘宏斌
98	2011.2	长输管线工程中的水工保护探讨	《定西科技》	李永明
99	2011.2	浅谈定西地区梯田地埂坎利用的几点措施	《定西科技》	林桂芳
100	2011.2	多点出流 PVC 材料径流小区建设	《中国水土保持科学》	陈瑾
101	2011.3	陇中黄土丘陵沟壑区植被恢复建设与对策探讨	《甘肃水利水电技术》	陆佩毅
102	2011.3	人工草地不同植被度对产流、产沙的影响	《定西科技》	岳永文
103	2011.9	定西市主要种植树种耐旱能力测定	《定西科技》	刘文峰
104	2011.12	半干旱地区不同植被覆盖下土壤水分变化状况分析	《科技资讯》	李旭春
105	2012.2	黄土丘陵沟壑区不同植被类型减蚀、减流效应研究	《甘肃林业科技》	李旭春,张富
106	2012.3	安家沟流域水土流失监测体系及分析	《甘肃林业科技》	陈瑾
107	2012.3	漳县 3 000 t/d 水泥生产线工程建设中的水土流失特点及防治措施探讨	《甘肃水利水电技术》	侯建国
108	2012.3	定西市农村水污染及防治对策	《定西科技》	赵舜梅
109	2012.4	定西黄土丘陵沟壑区水土流失研究进展	《草原与草坪》	马海霞
110	2012.5	定西市梯田埂坎林绿化效益分析	《中国水土保持》	吴东平,马海霞
111	2012.7	陕北榆村老树沟聚氯乙烯工程弃渣场空间布置探讨	《甘肃水利水电技术》	康月琴
112	2012.8	兰州市城镇化水平与其生态用地的供求关系	《水土保持通报》	贵立德

续表 2-10

序号	日期（年·月）	论文名称	出版情况	作者
113	2012.9	定西市农村与基础设施建设探讨	《甘肃农业》	康月琴
114	2012.9	夯实农业发展基础 促进农业增产增收——定西市实施全省500万亩梯田建设工程的做法和成效	《中国水土保持》	赵金华
115	2012.9	定西市农村水污染与防治对策	《定西科技》	赵舜梅
116	2012.11	档案管理的信息化建设	《科技创新报》	马燕
117	2012.11	干旱半干旱区玉米秸秆还田增产保墒技术研究	《安徽农业科学》	贵立德，王小鹏
118	2013.2	郎木寺至玛曲公路改建工程水土保持方案编制思路	《甘肃林业科技》	李弘毅
119	2013.3	旱地农田不同耕作措施的土壤肥力特性及玉米生长效应	《安徽农业科学》	贵立德，王小鹏
120	2013.7	甘肃省产业聚集空间特征与节能减排部署	《安徽农业科学》	贵立德，王小鹏
121	2013.8	定西市水土保持生态建设中存在的问题和建议	《甘肃农业科技》	马海龙，王小平
122	2013.8	从耳阳沟流域综合治理看水土保持措施在抗御暴雨洪灾中的作用	《中国水土保持》	陈瑾，李永明，张佰林
123	2013.9	关于定西黄土丘陵沟壑区植被恢复建设的几点思考	《定西科技》	刘小荣
124	2013.10	渭源县大沟小流域治理中存在问题及措施	《甘肃农业科技》	李弘毅
125	2013.12	安定区国家水土保持重点建设工程治理成效及经验	《中国水土保持》	贵立德
126	2014.2	现阶段水土保持档案管理存在的问题与建议	《甘肃纵横科技》	马燕
127	2014.5	渭源县实施国家农业综合开发陕甘宁梯田建设项目的成效与做法	《中国水土保持》	赵金华
128	2014.8	有关城市水土保持的探讨	《城市建设理论研究》	侯建国
129	2014.9	搞好水土保持工作 服务生态文明建设	《探索与交流》	郭冰
130	2014.12	定西市安定区水土流失特点与治理效益分析	《农业灾害研究》	曲富荣，王小鹏

续表 2-10

序号	日期(年·月)	论文名称	出版情况	作者
131	2015.3	甘肃省通渭县扶贫搬迁试点工程水土资源平衡评价	《农业工程》	刘文峰,董荣万
132	2015.3	定西市黄土丘陵沟壑区第V副区侵蚀沟道分级分类研究	《中国水土保持》	王丽洁,李永明,陈瑾
133	2015.6	生态综合整治体系效益研究	《定西科技》	王琨
134	2015.4	2009-2011年安家沟流域不同植被覆盖条件下土壤侵蚀变化趋势	《甘肃科技》	张佰林,杨志军
135	2015.10	甘肃河西走廊公路工程建设水土流失预测分析	《甘肃水利水电技术》	石培忠
136	2015.11	广通河流域和政项目区水土保持生态环境建设对策	《甘肃科技》	石培忠
137	2015.12	外国档案收集、整理、利用工作中的可借鉴之处	《档案》	马燕
138	2016.6	甘肃省农发水保项目效益重点监测的实践与体会	《中国水土保持》	李永明,王丽洁,陈瑾

定西水保科研60年

第三章 科研·成果

第一节　水土保持科学研究概况

1956年正式成立安家坡农林牧试验场，1957年改建为科学试验站，基本任务是研究本地区的水土流失规律，寻求实用的水土保持技术，研究小流域水土资源管理方案，提出较为完整的水土保持理论体系和经验，为水土保持提供先进技术和解决水土流失综合治理实践中遇到的理论和技术问题。

建站初期，学习和引进天水站的试验方法和工作经验，在探索水土流失规律和寻求减少水土流失措施研究方面，以小区试验，定位观测为主，开展了坡面径流小区试验，林木、牧草品种的引种对比观察和其他农林改良土壤措施的小区对比试验工作。

1958年，小区试验受到批判，全部径流小区和大部分小区试验项目停止观测。工作重点转向培养典型、总结经验、示范推广上。在站区以创造单项水土保持技术样板为目标，以兴修水平梯田、深翻改土、高额速生丰产为主要内容，组织全站职工参加劳动，兴修水平梯田、大搞工具改革、深翻土地、种"卫星田"、营造速生丰产林等。

1963年，根据甘肃省农业科学技术会议精神和黄河中游水土流失重点区水土保持会议的任务和要求，制定了试验研究工作十年发展规划，采取定位试验与调查研究相结合，试验、示范、推广相结合的方法，在站内恢复各项定位试验的同时，在社队建立了水土保持试验基地，培养典型，调查研究，总结经验。在站区新建坡耕地径流小区8个，在安家沟设置观测断面2个，在高泉沟设置观测断面1个，恢复了径流测验工作。建立苗圃、草圃和农业试验地，恢复了树种、草种的引种繁育和各项农业技术措施的定位试验，在定西安家坡、大坪、郭川、高泉沟和会宁蔺家湾等地设点，进行小流域综合治理、旱梯田高产稳产、水土保持燃料林营造技术和用洪用沙等试验研究与技术推广工作，保证了各项试验研究和技术推广工作的顺利进行。

1983～1986年，通过"小流域地形小气候、土壤水分特征及治理措施对位配置研究"，从探索半干旱地区小流域不同侵蚀部位（不同坡向、不同坡位）、不同季节、不同土层土壤水分运动变化规律，不同地形部位小气候因子数量分布特征出发，为同类型区全方位治理中的生境条件背景、工程措施的选择和设计提供依据。

1989年起，开展"水土保持治理措施对位配置推广及深化研究"，这是对定西地区水土保持科学研究所完成的《小流域地形小气候、土壤水分特征及治理措施对位配置研究》成果的推广和深化。在原成果通过对半干旱地区小流域地形小气候、不同利用措施下不同地形部位土壤水分动态特征的观测以及对各项植物措施生育适应性的研究，提出的水土保持治理措施对位配置的理论和技术的基础上，为半干旱地区不同地形部位治理措施的对位配置提供了科学依据。此次的推广目的就是将这项成果经过推广、运用以及进一步深化、系统和完善，使其更好地服务于半干旱地区的水保治理工作。1989～1994年6年间，通过项目的具体实施，使各项治理措施基本达到时间、空间、生态、社会经济效益的全方位对位，并在提高本区水保治理的质量和效益的同时，使治理措施的对位配置工作更模式化、规范化。

2000年，伴随着国家西部大开发的号角，所内同时挂牌成立定西地区生态环境建设项目规划设计院，业务范围进一步拓展。在水土保持和生态环境建设的区域性、战略性、综合性研究方面取得较大进展，为定西市及周边地区宏观决策提供科学依据。以项目带动学科发展，在水土保持措施对位配置、雨水利用研究等研究领域加快技术成果转化，推动产业发展；在开发建设项目水土保持方案编制、水土保持综合治理和水土保持工程规划设计等方面加强与省内外科研院所合作力度，努力提高水土保持生态环境建设的设计质量和水平；在雨水利用和节水灌溉工程设计与安装方面加快发展，推进节水型社会建设步伐；在水土保持工程施工方面，努力开拓市场，按质、按量、按时完成任务；在水土保持监测领域，以安家沟、龙滩、高泉沟试验流域为基础，强化定位监测与试验示范研究，在当地生态环境建设中发挥科技支撑作用，为甘肃黄土高原生态环境建设提供超前的试验示范样板，同时也为打造黄土高原水土保持示范区和生态文明先行示范区建设，打造生态安全屏障、重点区域生态综合治理提供科技支撑。

2005～2010年，"生态清洁小流域水土流失综合治理体系研究"主要开展流域水土保持综合整治技术与模式、水土流失治理与生态产业一体化的技术途径、农户微循环经济等方面的研究。将研究、示范与治理相结合，总结出生态清洁小流域水土流失综合治理体系模式，为同类型地区的生态综合治理提供技术支撑。

60年来，先后承担完成了国家科技攻关项目，省部级科技支撑计划项目，地市级科研计划项目，国家级、省级科研院所协作攻关项目，单位自列计划项目的科学研究、技术示范推广课题等160多项。1982～2016年，共取得科技成果36项，其中达到国际先进水平5项，国内领先15项、国内先进12项，省内领先1项、省内先进2项，获国家实用新型专利1项；获省科技进步二等奖6项、三等奖3项，获地（厅）级科技进步一等奖5项、二等奖11项、三等奖8项；获市科技发明二等奖1项，获教育部科技进步二等奖1项。其中，我所单独完成的《小流域地形小气候、土壤水分特征及治理措施对位配置研究》成果达国内领先水平，获甘肃省科技进步二等奖；协作完成的《水平梯田试验研究》项目，成果达到国际先进水平，获甘肃省科技进步二等奖；完成的《人工汇集雨水利用技术研究》通过国家科委组织的技术鉴定，成果达国际先进水平，获教育部科技进步二等奖，该成果为甘肃省"121雨水利用工程"的推广提供了技术支撑和保障。先后参加了"七五"到"十一五"国家科技攻关项目，在"十一五"国家科技攻关项目"黄土丘陵沟壑区生态综合整治技术开发项目"的研究中，承担的子课题"黄土丘陵沟壑区生态清洁型小流域建设试验示范"成果水平达到国内领先，提升了小流域综合治理的技术方法，为我省清洁型小流域建设做出了有益的探索。

推广应用水土保持综合治理措施对位配置推广及深化研究、河北杨大田扦插育苗技术推广、张家山小流域综合治理提高效益途经研究、黄土丘陵沟壑区生态清洁型小流域建设实验示范等16个项目。

近年来，服务当地经济建设，参与完成了涉及黄土高原淤地坝建设坝系工程可研报告、单坝初步设计、小流域综合治理规划设计、生态修复、集雨节灌工程设计等多项工程设计任务，为定西市及周边地区水土保持生态环境建设提供了技术服务。先后主持、参加完成公路、水电站、金矿、铅锌矿、化工厂、火电厂、水泥厂等的水土保持方案编制工作多项，为甘肃、广东、青海、陕西和山西等地区的生产建设项目提供水土保持技术服务。

第二节　水土保持试验流域基地

一、安家沟试验流域

安家沟流域位于定西市安定区凤翔镇，涉及永定、安家坡两个村，地处东经 104°38′13″~104°40′25″，北纬 35°33′02″~35°35′29″。是黄河流域祖厉河水系关川河的一条小支沟，流域面积 8.56 km²。

安家沟流域马家岔支沟情况

自 1956 年以来，先后在流域内开展了玉米垄作区田耕作法，小流域径流对比测验分析，水土保持专用化肥试验，定向爆破造田试验，燃料林营造技术试验，旱梯田培肥保墒高产稳产试验，水土保持综合治理措施及效益研究，小流域地形小气候、土壤水分特征及治理措施对位配置研究，水平梯田试验研究，河北杨大田扦插育苗技术推广，甘肃中部干旱半干旱区灌木资源调查及主要水保灌木研究，黑穗醋栗引种试验，半干旱地区节水技术研究，农坡地田间聚流入渗技术及效益研究，水土保持综合治理措施对位配置推广及深化研究，滴灌工程示范推广，半干旱区雨水资源化潜力及农业可持续发展研究，人工汇集雨水利用技术研究，

88

定西地区旱作生态农业高效集雨节灌技术示范园区建设，半干旱区黄土丘陵沟壑区水土流失防治技术与示范，半干旱地区生态修复技术与可持续发展研究，黄土丘陵沟壑区生态清洁型小流域建设试验示范研究，定西黄土高原丘陵沟壑区第Ⅴ副区侵蚀沟道特征与水沙资源保护利用研究，甘肃省黄土丘陵沟壑区第Ⅴ副区水土保持综合治理措施效益分析等科研项目工作，以及安家沟流域梯田建设、坡面防护林建设、沟道淤地坝、谷坊建设、马家岔淤地坝恢复加固工程等水保生态工程项目。

安家沟流域坡面农田治理情况

安家沟流域在 1956 年定西水土保持工作推广站农林牧试验场成立以来就列为单位试验研究基地。该流域一直被列为省、市、区三级重点治理小流域进行规划和治理。2003 年，被水利部水土保持监测中心列为全国水土保持综合监测点。2008 年，被列为全国水土流失动态监测与公告项目监测地。流域内水土保持设施设备布设开始于 20 世纪 50 年代中期，试验场地 23.13 hm²，隶属于定西市水土保持科学研究所，承担区域水土流失地面试验观测任务。自 2005 年以来，水利部水土保持监测中心在定西市安家沟流域设立综合典型监测站，进行了一、二期建设，目前计划进行三期建设。该流域是全国水土保持监测网络和信息系统建设一期工程确定的 37 个监测点中的水蚀监测点之一。

安家沟流域试验监测设施主要由气象园、控制站、径流小区三部分组成。截至目前，该流域共有常规观测气象园1处，控制站1处，不同坡度、不同土地利用类型的监测径流小区30个。流域内监测设施较为完善，积累了大量试验监测数据，为水土流失规律研究方面的科研项目提供了很好的科研平台。

（1）气象园。安家沟流域中心地带建有常规观测气象园1处，始建于1956年，已观测60年（"文化大革命"期间停止观测10年）。

气象园全貌

气象园一角

百叶箱

工作人员在记录观测数据

雨量筒

工作人员在记录观测数据

9 要素自动气象站

工作人员在记录观测数据

地温计（一）

地温计（二）

王智博士在气象园考察调研

水利部水土保持监测中心专家
领导检查指导工作

水利部水土保持监测中心专家
领导检查指导工作

黄河上中游管理局领导检查指导工作

（2）控制站。在流域出口设控制站1处，修建于1986年，控制面积为8.56 km²。控制站位于安家沟1#坝溢洪道正槽段上，断面为梯形，坡比1:1，测流长度20 m，底宽10 m，高2 m。

安家沟流域控制站

（3）径流小区。安家沟流域径流小区始建于1986年，当时设有标准小区15个，包含不同坡度试验4个、不同坡长试验1个、不同土地利用10个，2003年这15个小区被纳入全国水土保持监测网络。2005年，"全国水土流失动态监测与公告项目"一期新建标准小区5个、2007年"全国水土流失动态监测与公告项目"二期新建标准小区10个。该流域内现存纳入"全国水土流失动态监测与公告项目"的监测小区共计30个。

安家沟小流域观测布设图见图3-1。

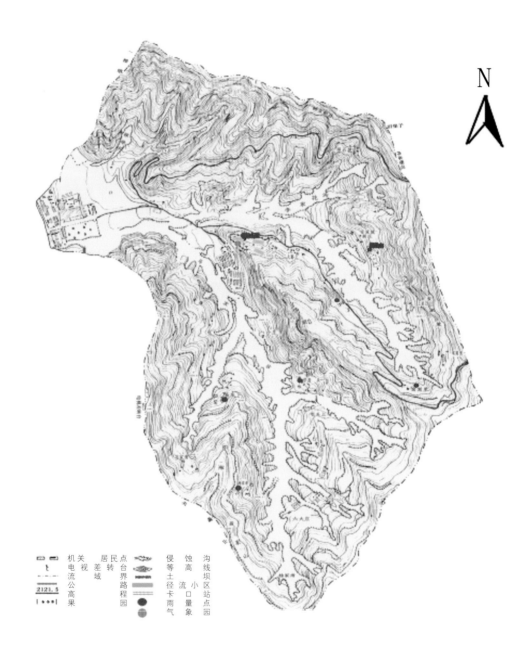

图 3-1　安家沟小流域观测布设图

①安家沟流域 1~15 号径流小区。1~15 号径流小区始建于 1986 年，已连续观测 29 年，2003 年被纳入全国水土流失动态监测与公告项目监测地。

1～8 号径流小区

9～15 号径流小区

1 号径流小区（苜蓿）

7 号径流小区（油松）

6号径流小区（沙棘）　　　　　　　15号径流小区（荒地）

水利部水土保持监测中心主任郭索彦检查指导工作　　　水利部水土保持监测中心监测处处长李智广检查指导工作

中国科学院生态环境研究中心学陈利顶研究员在安家沟考察调研　　　市林业局领导来水保所检查指导工作

②安家沟流域 16 ~ 20 号径流小区。16 ~ 20 号径流小区是 2005 年全国水土流失动态监测与公告项目建设一期工程中新建标准小区，已连续观测 11 年。

16 ~ 20 号径流小区

16 号径流小区（油松）

17 号径流小区（沙棘）

18 号径流小区（小麦）

19 号径流小区（苜蓿）

20 号径流小区（荒地）

③安家沟流域21～30号径流小区。21～30号径流小区是2007年全国水土流失动态监测与公告项目建设二期工程中新建标准小区，从2013年开始观测。

20～30号径流小区

21号径流小区（油松）

22号径流小区（沙棘）

23号径流小区（苜蓿）

中国科学院生态环境研究中心卫伟
博士在安家沟径流小区进行试验

黄河上中游管理局领导检查指导工作

　　④安家沟流域协作单位新建的径流小区。依托流域内的监测设施、设备和已取得的基础资料数据，积极与高等院校、科研院所开展科技合作、交流活动，先后与中国科学院生态环境研究中心、兰州大学、甘肃省林业科学研究院、甘肃省农业科学院、甘肃林业职业技术学院、甘肃农业大学等单位建立了协作关系，进行人工降雨土壤侵蚀测验和研究以及树木蒸腾量的观测。与高等院校、科研院所开展科技合作取得了许多水土流失方面的观测数据，延长了监测资料的序列，提高了监测科技含量。

中国科学院生态环境研究中心新建径流小区

中国科学院生态环境研究中心人工降雨土壤侵蚀小区

甘肃农业大学新建径流小区

甘肃农业大学新建径流小区

　　在径流小区主要进行降水量、降水强度、土壤水分、径流量、泥沙以及植被覆盖度／郁闭度、作物产量等内容的监测。2005年以前，安家

全自动电子气象站

小区产流过程观测仪

土壤水势以及植被水势测定仪

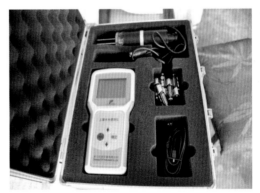

土壤水分速测仪

植被液流观测仪

树干径流仪

沟流域观测设备主要为自记雨量计、取样瓶、烘箱等早期人工观测仪器和设备。通过全国水土流失动态监测与公告项目一、二期的建设，更新了一批设备仪器，主要包括全自动电子气象站、小区产流过程观测仪、土壤水分测定仪、渗透仪、烘箱、电子天平、手持 GPS 定位仪、泥沙自动监测仪等仪器和设备。近几年通过院所协作，流域内又新增了土壤水分观测仪器（TDR、5TE）、土壤蒸发观测仪器（Micro-lysimeter）、植被液流观测仪器（Flow32，Flow4，SF-L）、植被光合速率测定仪器（Li-6400）、土壤水势以及植被水势的测定仪器（WP4，Model600）、叶面积指数测定仪器（LAI-2000）、包裹式树干径流仪等先进仪器设备。

当径流发生后，监测人员立即观测各小区的径流、土壤冲刷情况，量取径流桶内泥水深，搅匀混合水样，采集 1 000 mL 泥水样，做好相关表格记录工作，采用沉淀烘干法测量含沙量，取样后及时清理径流池，做好下次观测准备。土壤含水量测定一般每 10 d 定时观测 1 次；种有作物的径流场，在植被生长季节每旬观测一次植被覆盖度/郁闭度，雨后加测。同时，还对其生物量加以测定。秋后测定植物覆盖率、树木成活率、地径、树高、郁闭度、果品产量和粮食产量。覆盖度测定，用针刺法和线段法，也可用方格法。

（4）试验观测情况。自 1957 年以来，定西市水土保持科学研究所在安家沟流域先后开展了水文、气象观测、土壤水分动态监测、坡面植被水土流失拦蓄效益监测、集流场的集流效率观测等科研工作。"文化大革命"期间，由于历史原因，研究工作中断，资料散失。20 世纪 80 年代初期恢复工作。截至目前已经连续积累了近 30 年水土流失监测方面的

工作人员观测记录

工作人员取样观测

科技成果鉴定会　　　　　　　　　科技成果鉴定证书

基础资料。这些资料数据为水土流失规律研究、小流域综合治理、农田基本建设、水保林草建设、水保工程质量效益监测等科研项目提供了翔实、准确的数据资料，对科研项目的发展起了非常重要的作用。

　　我所对每年的监测数据进行汇总，对监测点数据分年度、分类别统一编号归档保管，安家沟流域数据目前共整编成册并存档30本。自2005年纳入公告项目承担国家网络地面观测任务后，安家沟流域已连续11年无间断向水利部水土保持监测中心和黄河流域水土保持生态环境监测中心按要求及时上报年度监测数据。2007～2012年，每年用"3S"软件通过全流域实地调绘的方式，完成土地利用图、水土流失现状图、植被盖度图、坡度分级图和治理措施现状图5幅主题图。2010~2012年连续3年，每月进行两次植被覆盖度季节分布曲线测量工作，对流域内的6个不同土地利用类型、12个不同地块按照要求拍照并编辑，上报监测中心，为全国水土保持监测网络提供了稳定的、连续的监测基础数据。

1986年数据整编资料　　　　　　　　1987年数据整编资料

1988 年数据整编资料

1989 年数据整编资料

1990 年数据整编资料

1991 年数据整编资料

1992 年数据整编资料

1993 ~ 1995 年数据整编资料

1996 ～ 1997 年数据整编资料

1998 ～ 2000 年数据整编资料

2001 ～ 2004 年数据整编资料

2005 ～ 2009 年数据整编资料

2010 ～ 2012 年数据整编资料

2013 ～ 2015 年数据整编资料

二、高泉沟试验流域

高泉沟小流域位于甘肃省定西市安定区团结镇，地理坐标为东经 104°31′52″~ 104°34′1″，北纬 35°22′~ 35°25′，流域面积 9.168 km²。该流域是黄河流域祖厉河水系关川河的一条小支沟。

高泉沟流域中下游坡面情况

在高泉沟流域内完成的科研项目主要包括三个方面：一是黄土丘陵沟壑区农业生态环境治理技术体系研究。该课题以高泉沟小流域（9.168 km²）为试区，经过试验研究、治理实践，在农业生态环境治理、水土资源综合利用、生物高效开发的结合上有所突破，在国内旱作农业环境治理研究方面达到领先水平。二是定西黄土丘陵沟壑区土壤侵蚀规律研究。该课题通过小流域监测网络取得的系统数据，查清了治理 4 年前后的减水减沙效益；以降雨复合因子 PI_{30} 等参数建立了土壤侵蚀模数等模型；探索了表层黄土抗剪力及可蚀性的时空变化规律；对小流域人为因素减水减沙效果进行了定量分析评估；分析了小流域水土流失时空分布规律；采用计算机模拟技术建立了高泉沟小流域水流泥沙概念性耦合模型。三是黄土丘陵沟壑区农业生态环境治理技术体系研究。该课题通过治理技术的组装配套，形成了全流域、全方位、高效的治理模式。研究揭示的定西黄土丘陵沟壑区土壤侵蚀规律具有较高的研究水平和学术价值，给水土流失治理提供了科学依据，成效明显，达到国内同类研究的先进水平。

径流小区

公路集流系统的沉沙地、贮水窖（池）

塑料大棚

滴灌工程

试验田

试验田

试验田

试验田

定西试区办公场所

径流小区及多厢沉沙地

三、龙滩试验流域

龙滩流域地处定西市安定区巉口镇，地理坐标为东径 104°26′55″~104°31′7″，北纬 35°43′55″~35°44′57″，位于市区以北 24 km 处，流域总面积 15.22 km²。至 2015 年年底，全流域累计治理面积达 1 155.2 hm²，治理程度为 75.9%。

定西市水土保持科学研究所在该流域内开展的主要科研项目，一是"黄土丘陵沟壑区生态综合整治技术开发"课题。通过近 5 年的研究与示范，总结出了4项重要成果：①总结出水土流失治理与生态产业一体化模式及技术体系（简称龙滩模式）；②在流域尺度上划分了三大生态功能区；③研发了流域生态系统适宜性管理决策咨询系统；④编制了4项技术规程。二是"黄土丘陵沟壑区生态清洁型小流域建设试验示范研究"课题。研究的主要内容为开展流域水土保持综合整治技术与模式、水土流失治理与生态产业一体化的技术途径、农户微循环经济等方面的研究。将研究、示范与治理相结合，总结出生态清洁小流域水土流失综合治理体系模式，为同类型地区的生态综合治理提供技术支撑。

科研人员正在对流域沟道植被生长情况进行调查

从2005年开始，与中国科学院生态环境研究中心协作，先后在龙滩流域进行了国家自然科学基金项目"黄土高原草灌生态系统对土壤水变化的响应机制"、国家自然科学基金项目"黄土丘陵区坡面尺度不同整地方式的生态水文效应"、国家自然科学基金项目"黄土小流域水蚀过程对降雨和土地利用格局演变的响应机制"、国家杰出青年基金项目"景观地理学源汇景观格局评价与非点源污染模型"、国家交通运输部公路科学研究院重点实验室开放课题"黄土高原地区公路边坡土壤养分流失规律研究"等科研项目。建成了李家湾和剪子岔两个对比微流域沟道径流观测断面，实施了无人信息自动化观测，收集微流域坡面降雨径流资料。

四、定西地区旱作生态农业高效集雨节灌技术示范园区

定西地区旱作生态农业高效集雨节灌技术示范园区位于定西地区水保科研所试验基地安家沟流域内，由大果园、照石坡、老站及安家坡村高家川等四处示范小区组成，总占地面积 11.3 hm²。

该示范园区的建设，目的是加快农业新技术的推广步伐，探索适合扶贫开发的新路子。园区由定西地区扶贫办（甲方）和定西地区水土保持科学研究所（乙方）订立协议、联合兴建。项目期限：从 2000 年 8 月 1 日至 2030 年 7 月 31 日。乙方提供土地，甲方投入基础设施建设费用。

（1）大果园兴建半自动化日光温室 10 座、高标准温室大棚 10 座。高家川兴建高标准温室大棚 10 座。

（2）照石坡、老站建立马铃薯繁育基地 6.67 hm²。

经营管理及收益分配：工程建设投产后，甲乙双方各负其责、自主经营、自负盈亏。其产权分别为：

（1）甲方拥有大果园路东 6 座日光温室及其附属设施的使用权和所有权。

（2）乙方拥有大果园路西 4 座日光温室及其附属设施的使用权和所有权。

（3）照石坡、老站马铃薯繁育基地由甲方提供种薯、负责销售，乙方负责种植及田间管理。净收入甲乙双方各按 50% 分配。

（4）高家川 10 座温室大棚由安家坡村负责经营管理。

本项目前期，经营管理状况良好；中期由于人事变动及其他原因，经营管理未按原计划执行。2014 年 6 月 26 日，中共定西市委召开秘书长办公会议，印发了会议纪要，将旱作生态农业高效集雨节灌技术示范园区及老办公场所的 35.26 亩科研及住宅用地划拨给定西理工中专使用。6 月 27 日下午，定西市水土保持局召开会议，传达市委秘书长会议精神，根据定西市水土保持局安排，水保所及时组织相关人员对拟划拨范围内的土地使用及地面附着物情况进行了排查统计，然后召开了专题会议，提出了处理意见。

第三节　协作攻关

科学劳动作为一项特殊的、以脑力劳动为主的知识生产活动，是一种复杂的、大难度、高水平的社会劳动。在这一复杂劳动过程中，需要科学工作者之间智力上相互切磋，思想上彼此交流，在科学劳动中形成最佳的科研合作结构，共同提高学术水平，推动科学的发展。在长期的水土保持科学研究实践中，定西市水土保持科学研究所注重发挥协作攻关的作用，取得了一批重大的科技协作研究成果。

一、与国家级科研院所协作

从 2005 年开始，进行国家"十五"科技攻关计划课题"中国西部重点脆弱生态区综合治理技术与示范"第三课题"半干旱黄土丘陵沟壑区水土流失防治技术与示范"、"十一五"国家科技支撑课题《黄土丘陵沟壑区生态综合整治技术开发》项目的协作攻关工作。

进行了国家自然科学基金项目"黄土高原草灌生态系统对土壤水变化的响应机制"、国家自然科学基金项目"黄土丘陵区坡面尺度不同整地方式的生态水文效应"、国家自然科学基金项目"黄土小流域水蚀过程对降雨和土地利用格局演变的响应机制"、国家杰出青年基金项目"景观地理学源汇景观格局评价与非点源污染模型"、国家交通运输部公路科学研究院重点实验室开放课题"黄土高原地区公路边坡土壤养分流失规律研究"等科研项目。

另外，与兰州大学协作，开展"黄土高原丘陵沟壑区小流域植被水量平衡过程及净第一性生产过程模拟研究"等科研项目。

二、与部委研究单位协作

1987 年 9 月至 1993 年 5 月，黄河流域水保科研基金项目"甘肃中部干旱半干旱区灌木资源调查及主要水保灌木研究"，由甘肃省水利厅兰州水土保持科学试验站与定西地区水土保持试验站共同承担完成。1996 ~ 2000 年，国家"九五"科技攻关计划项目"人工汇集雨水利用技术研究"，由中国科学院、水利部水土保持研究所主持，水利部西北水利科学研究所与定西地区水土保持科学研究所协作完成。1997 年，"半干旱区雨水资源化潜力及农业可持续发展研究"由定西地区水土保持科学研究所主持，中国科学院、水利部水土保持研究所、甘肃省定西市旱作农业科研推广中心协作完成。

三、高等院校协作的项目

甘肃农业大学与定西市水土保持科学研究所协作的项目如下：

（1）国家自然基金项目：旱地小麦产量形成对气候变化的响应及耕作措施调控；

（2）国家自然基金项目：紫花苜蓿的生长及抗氧化过程对水力根源信号的响应机理；

（3）教育厅项目：保护耕作措施下坡耕地水土流失研究；

（4）科技厅项目：甘肃中部干旱坡面土壤侵蚀的水沙响应模型研究；

（5）林业厅项目：定西文冠果良种引进种栽培技术推广。

四、与地方院所协作

与甘肃省林业科学研究院协作，进行国家"十五"科技攻关计划项目"中国西部重点脆弱生态区综合治理技术与示范"第三课题"半干旱黄土丘陵沟壑区水土流失防治技术与示范"、国家"十一五"科技支撑计划《黄土丘陵沟壑区生态综合整治技术与模式》项目的研究工作。

与甘肃省农科院协作，进行"陇中丘陵区（定西）作物抗旱丰产与经济综合发展研究""黄土丘陵沟壑区农业生态环境治理技术体系研究""定西黄土丘陵沟壑区土壤侵蚀规律研究"等项目的研究工作。

五、与市县职能部门协作

1983～1989年，"张家山小流域水土保持综合治理提高效益途径研究"，由通渭县水利水保局、定西地区水保总站治理科、定西地区水保所共同完成。

1987～1989年，"关川河流域水土保持综合治理工程技术管理规程"项目，由定西县关川河流域水土保持综合治理工程指挥部、甘肃省水土保持局、定西地区水保站共同完成。

1988年1月至1992年12月，"小流域水土保持综合治理与商品经济同步发展途径的研究"，由通渭县人民政府主持，定西地区水保所协助完成。

1988～1993年，"红层严重裸露区水土保持综合防护体系建设研究"，由渭源县人民政府承担，定西地区水保所协作。

1989～1992年，"水平梯田试验研究"项目，由甘肃省水利厅水保局、甘肃省水保所、平凉地区水保所、定西地区水保科研所共同完成。

1989～1992年，"引洪改良盐渍地综合技术措施研究"，由定西地区水保科研所与临洮县水保站协作完成。

1989～1993年，"祖厉河流域水利水保措施对入黄水沙变化的影响及发展趋势研究"，由甘肃省水利厅水保局主持，定西地区水保科研所协作完成。

1989～1994年，"水土保持综合治理措施对位配置推广及深化研究"由定西地区水保科研所主持，定西地区水土保持工作总站、定西县水土保持工作站、渭源县水利局、通渭县水利水保局、陇西县水土保持工作站、临洮县水土保持工作站、漳县水土保持工作站、岷县水土保持工作站参加完成。

1995～1997年，"滴灌工程示范推广"项目，由地区科协、定西地区水保科研所共同完成。

1998～1999年，"定西集雨节灌开发及示范"项目，由定西地区科技处、定西地区水保科研所共同完成。

2002～2005年，"半干旱地区生态修复技术与可持续发展研究"，由安定区水利水保局、定西市水保科研所共同完成。

第四节　水土保持科研成果

一、玉米垄作区田耕作法

项目起止时间：1957～1958年。为了证实玉米垄作区田耕作法在定西地区干旱条件下的优越性而立项。试验结果证明：在暂时还没有水平梯田化的坡地上，垄作区田耕作法，可以推广。推广垄作区田耕作法，必须在春季雨水比较充足的年份及坡地上进行，才能收到增产和保持水土的效果。本项目未鉴定。

二、小流域径流对比测验分析

项目起止时间：1959～1960年。随着水土保持治理工作的开展，全专区出现了许多水土保持高标准流域治理的典范，树立了样板，由于各流域治理的标准不同，程度不一，因此对水土流失的影响也有差异。为了寻求由于小流域治理程度的不同，对减水减沙的作用和效益，给大面积流域治理提供依据，立项开展了研究。本项目未鉴定。

三、水土保持专用化肥试验

项目起止时间：1964～1965年。为了贯彻中央关于水土保持专用化肥的指示，以探求氮素化肥在本地区的经济效益，逐步达到合理利用的目的，我站选定在站内及专县水土保持重点安家坡生产大队的10个生产队内进行了硝铵化肥试验。本项目未鉴定。

四、会宁北部引洪漫地调查

项目起止时间：1964年6月下旬至7月下旬。项目完成了调查报告，得出结论：在黄土丘陵沟壑区及残塬区，具有发展引洪漫地的广阔天地和美好的前景，只要掌握了洪水规律、特点，采用以漫为主，引、漫、蓄、排相结合的引洪方法，采用因地制宜的各种引洪方式及工程措施、灌溉方法及相适应的耕作技术，就能变水害为水利，使洪水泥沙为农业生产服务，对减少输入黄河的泥沙起到一定作用。

五、旱梯田培肥保墒高产稳产试验研究

项目起止时间：1974～1983年。该项目是甘肃省水利厅下达定西地区水保站的应用技术研究。1974年，开始对旱梯田增肥保墒、高产稳产进行试验研究，连续进行了10年。试验结果：在年降雨427 mm、降雨分配不均、旱灾频繁、水土流失严重的干旱山区，通过兴修梯田、改土培肥和高产稳产综合措施，可以将农作物产量稳定在按轮作年限平均150 kg的水平，春小麦、洋芋达到200 kg的水平。该研究成果达到国内先进水平，获定西地区科技进步三等奖。

项目主要研究人员：叶振欧、李旭升、马忠孝、万兆镒、张健。

六、定向爆破造田试验

项目起止时间：1976 年 11 ～ 12 月。试验证明，定向爆破应用于农田基本建设有许多优越性，工效高，工程占用劳力少，施工期短，工程使用工具简单，对场地、交通运输、季节等施工条件的要求也较低。本项目完成了试验报告，未鉴定。

七、燃料林营造技术试验

项目起止时间：1981 ～ 1985 年。该项目由省科委下达。试验表明：柠条、杞柳、酸刺、红柳、珍珠梅都可因地制宜作为该地区的燃料林树种。鉴定委员会认为：该成果可在定西地区自然条件相似的地方因地制宜地推广。

项目主要研究人员：李斌荣、赵元根、张健、石志强。

八、水土保持综合治理措施及其效益研究

项目起止时间：1982 ～ 1987 年。该项研究由省水利厅下达。课题组在定西县安家沟流域原有的治理基础上经过多年的工作，完成了研究和治理任务。课题鉴定委员会认为：该课题在小流域治理减流减沙等效益监测方面资料系列较长、分析结论完整、定量系统、准确可靠，在省内达到先进水平，可以在条件相似的地方推广应用。该成果 1990 年获定西地区科技进步二等奖。

项目主要研究人员：张富、李登贵、万兆镒、叶振欧、万廷朝、马朴真、张健、李斌荣。

梯田果园苹果

安家沟 1 号坝坝坡防护林

流域沟道治理状况　　　　　　　　荒山柠条调查

九、小流域地形小气候、土壤水分特征及治理措施对位配置研究

项目起止时间：1982 ~ 1988 年。该课题由甘肃省水利厅下达。经多年定位研究，探索了流域内地形小气候对植物影响的主要因子及土壤水分时空分布的数量特征。课题鉴定委员会认为，本课题所揭示的小流域地形小气候、土壤水分变化规律具有较高的学术价值。在寻求小流域不同部位治理措施配置的科学依据上，结合多种因子，运用多种手段观测研究小流域生态环境方面有创新，在国内处于领先地位。该项成果荣获 1989 年甘肃省水利厅科技进步一等奖、甘肃省科技进步二等奖。

课题主要研究人员：张富、叶振欧、李斌荣、李旭升、李登贵、张健；参加人员：万兆镒、万廷朝、王惠、陈瑾、马忠孝、叶丕福。

十、张家山小流域水土保持综合治理提高效益途径研究

项目起止时间：1983 ~ 1989 年。该项研究通过治理措施对位配置、加强治理管护、旱农耕作综合栽培技术、引进繁育高产优良品种、发展农副产品

加工等途径,使治理效益显著发挥。总产出年递增率达18.68%,土壤侵蚀量减少80%以上。鉴定委员会认为,本项成果处于国内同类地区领先地位。该成果获1991年定西地区科技进步二等奖。

主要研究人员:王玉惠、杨进中、张富、王琪、孔得禄、李登贵、许富珍、石典兵、王敦民、何俊仁。

十一、定西黄土丘陵沟壑区高效农业生态区建设研究

项目起止时间:1986~1990年。"七五"期间,国家把"黄土高原综合治理"列为重点科技攻关项目,"定西黄土丘陵沟壑区高效农业生态区建设"是该项目的一个专题。项目由国家科委下达,中国科学院和甘肃省科委主持,甘肃省农科院承担,定西地区水土保持科学研究所等协作攻关。该项目在水土保持方面,以全部降雨就地入渗拦蓄为技术路线,建立了治理开发的实体模型,提出了治理开发技术体系。成果达到国内同类研究的先进水平,获得甘肃省科技进步二等奖。

参与研究人员:万廷朝、董荣万、朱兴平。

| 径流小区 | 土壤抗剪强度试验 |

十二、关川河流域水土保持综合治理工程技术管理规程

项目起止时间:1987~1989年。该研究以系统论、信息论、控制论为指导,对水土保持防治工作在新的理论角度上予以总结与提高。1989年,甘肃省水土保持学会组织国内专家对该项成果进行了评审论证,认为关

川河流域水土保持综合治理工程研制的规划、设计、施工、管理、监测办法，为黄土丘陵沟壑区的治理开发提供了经验，丰富和完善了水土保持综合治理的科学体系。该项成果获甘肃省水利厅科技进步二等奖。

项目主要研究人员：马劭烈、周汉漪、景亚安、张富、刘伟、祁鸿基、李喜春、史海滨、余仰荣、刘振汉、乔发奎。

十三、甘肃中部干旱半干旱区灌木资源调查及主要水保灌木研究

渭源莲峰灌木林

项目起止时间：1987年9月28日至1993年5月6日。该课题为1987年黄河流域水保科研基金项目。课题组对甘肃中部地区的灌木树种、群落组成、分布范围和适生条件进行了全面系统的调查。查明区内灌木254种，组成群落48种类型，按其经济用途分为药用、油料、果品、纤维等13类，为灌木资源开发、利用提供了重要的科学依据。鉴定委员会认为，这项研究成果的取得对甘肃中部干旱半干旱地区主要水保灌木的开发利用提供了科学依据，填补了空白，达到了国际先进水平。该成果1994年获甘肃省水利厅科技进步一等奖、甘肃省科技进步三等奖。

课题主要研究人员：金正明、张健、王绪文、张金昌、丁鹏程、王维英、赵华。

安家沟流域白刺果实成熟期

灌木根系调查

嶮口山坡灌木林　　　　　　　　　干旱阳坡甘肃山毛桃

十四、黑穗醋栗引种试验研究

项目起止时间：1988～1990年。该项目由甘肃省水利厅下达。课题组从黑龙江省引种，在不同生态类型区的定西、临洮、漳县、岷县播种育苗、扦插育苗面积2.9亩，植苗造林区域试验面积22.5亩；对黑穗醋栗有关生物学特性、环境条件以及果实经济性状指标进行了观测、分析，完成了计划下达的各项任务。课题鉴定委员会认为，项目引种成功，为甘肃省水土保持植物措施增添了一个新的经济灌木造林树种，在甘肃省同类地区具有推广前景。黑穗醋栗的引种、驯化、育苗、造林在西北黄土高原尚属首次，该成果处于甘肃省内领先地位。该成果1992年获甘肃省水利科技进步三等奖。

项目主要研究人员：石金赞、肖江东、尚新明、单书林、李林。

黑穗醋栗生长情况调查

黑穗醋栗扦插苗　　　　　　　　　黑穗醋栗扦插苗生长情况

十五、半干旱地区坡耕地渗水孔耕作法试验研究

项目起止时间：1988～1991年。该项目由甘肃省水利厅下达。试验研究内容为：坡地田间聚流入渗技术的标准与径流量的关系、聚流入渗技术对产量及水分利用的影响、入渗孔技术适宜性以及效益评价。甘肃省水利厅主持进行了课题成果鉴定，认为本研究成果在半干旱地区水土保持耕作措施方面有所创新，达到了国内先进水平。本项目成果获甘肃省水利厅科学技术进步二等奖。

项目主要研究人员：叶振欧、李旭升、贵立德、王德生、丁海霞。

坡耕地径流小区　　　　　　　　　坡耕地渗水孔

十六、小流域水土保持综合治理与商品经济同步发展途径研究

项目起止时间：1988 年 1 月 1 日至 1992 年 12 月 30 日。该项目由甘肃省水利厅下达。课题组通过对温泉沟小流域水土保持进行综合治理，探讨治理、开发和效益相结合，资源开发利用和商品经济全面发展相结合，提高流域生产力和适应市场需求相结合的有效途径，从而为小流域水土保持综合治理在生态效益、社会效益、经济效益的高度协调统一方面提供一些具有普遍意义的经验与启示。鉴定委员会认为，成果达到了国内研究先进水平，建议推广应用。该成果 1994 年获定西地区科技进步二等奖。

项目主要研究人员：何俊仁、郑怀清、张鹤、张明庭、王玉惠、马宪文、王仰清、李登贵、许富珍、张金昌。

十七、农坡地田间聚流入渗技术及效益研究

项目起止时间：1988 年 3 月 1 日至 1992 年 12 月 27 日。该项目是甘肃省水利厅下达的应用技术研究。研究中通过对渗水孔孔径、孔深、导流坎高度等多因素对比试验，优选出一套坡耕地布设渗水孔、导流坎的技术方案；通过对水分入渗的模拟试验和渗水孔水分动态研究，探讨了渗水孔入渗规律和渗水孔提高水分利用率的机制。鉴定委员会一致认为：本研究成果在半干旱地区水土保持耕作措施方面有创新，达到国内先进水平。本项目成果获 1993 年甘肃省水利厅科技进步二等奖。

项目主要研究人员：李旭升、叶振欧、贵立德、王健、王德生、丁海霞。

十八、河北杨无性繁殖扦插育苗技术研究

项目起止时间：1989 ~ 1991 年。1984 年 1 月由甘肃省水利厅下达。定西地区水土保持科学试验站完成了该项应用技术研究，旨在突破大田扦插成活率低的难关，为当地林业生产服务。该项目通过甘肃省水利厅组织的鉴定验收。专家认为：该项研究所取得的提高河北杨扦插育苗技术措施效果显著，简便易行，推广前景广阔，达到甘肃省内先进水平。该项成果获 1992 年定西地区科技进步三等奖。

项目主要研究人员：石金赞、张富、肖江东。

十九、水平梯田试验研究

项目起止时间：1989～1992年。该项目1994年由甘肃省水利厅水保局、甘肃省水保所、平凉地区水保所、定西地区水土保持科学试验站共同完成。"水平梯田试验研究"是一项综合性研究项目，包括梯田建设的应用基础理论、应用技术及软科学三个方面。经课题组6年努力，完成了全部研究任务。研究紧密结合生产实际，成果具有高度综合性和广泛适用性，研究的深度和广度在全国是没有先例的，对黄土高原的治理与开发有着重要的科学意义和应用价值。经资料查新和专家评审，研究成果处于同类研究的国内领先地位，达到国际先进水平。该项成果获甘肃省科技进步二等奖。

项目主要研究人员：郑宝宿、刘海峰、牟朝相、王立军、陈瑾、王膺期、黄邦建、周波、乔生彩、李志恒、马乐平、成昌国、张林平、李林、蔡斌、魏宏庆、郑子英、丁海霞、周茂荣。

二十、引洪改良盐渍地综合技术措施研究

项目起止时间：1989～1992年。本研究通过对洮河沿岸盐土成因的分析，弄清了盐分的载体和来源，并针对其特点，以引洪压盐为主，配合排水、平整土地、选择耐盐作物等一系

排除田间地下水

改良前的盐渍地

引洪建筑物

列技术措施，建立完善的引洪及排水系统，加速土壤脱盐，提高土壤肥力，改善土壤结构，探索出了一条利用水土资源防治土壤盐渍化的途径。鉴定委员会认为，本研究课题提出的技术方法在引洪压盐变害为利方面有创新，达国内先进水平。该项目获定西地区科技进步三等奖。

项目主要研究人员：陈瑾、石培忠、崔建国、乔生彩、王志功、陈维峰、李林、孙玉兰、师家伟、孙富华。

二十一、半干旱地区节水技术研究

项目起止时间：1989年10月至1993年12月。该项目是由国家科委1989年下达的重点科技项目。本课题对定西县聚流及覆盖节水技术聚流方式、渗水孔设计、地表覆盖等方面进行了系统研究，探索了有效利用天然降水的途径。研究提出的最佳集水区面积、集流场处理方法及适时定额灌溉等技术为发展聚流农业提供了科学依据。通过不同覆盖材料、覆盖方法和不同渗水孔孔径、孔深、孔数的对比和正交试验，筛选、确定出适合当地实际的覆盖材料、覆盖方法和渗水孔设计方式，可应用于农业生产。鉴定委员会认为，课题在综合配置节水技术方面有所创新，在同类研究中居国内先进水平。该项目获甘肃省水利厅科技进步三等奖。

项目主要研究人员：尚新明、张富、刘俭、刘宏斌、赵金花、余仰荣、乔生彩、王健、单书林、成昌军。

节水示范田

草覆盖节水试验小区

二十二、祖厉河流域水利水保措施对入黄水沙变化的影响及发展趋势研究

项目起止时间：1989～1994年。该项目由甘肃省水利厅水土保持局主持完成。本课题是水利部黄河水沙变化研究基金项目之一，采用技术路线正确，研究成果达到了任务书的要求，为治黄宏观决策提供了科学依据，对本流域开发治理具有重大的现实意义。鉴于黄河自然地理和社会经济条件的复杂性在世界上是罕见的，祖厉河在黄河流域尤为突出，该成果为适应此种特殊情况，在成因分析上有首创，达到国际先进水平。该项目获甘肃省科技进步三等奖、甘肃省水利厅科技进步一等奖。

项目主要研究人员：郑宝宿、马劲烈、谢玉亭、许志文、边作仁、万国庆、周汉漪、张富、李德福、杜延珍。

二十三、红层严重裸露区水土保持综合防护体系建设研究

项目起止时间：1988～1993年。该项目由甘肃省水利厅下达。本项目针对不同地形部位特点，大力推广植物措施对位配置成果。鉴定委员会认为，研究提出的技术体系，对大面积红层裸露区的综合治理，在稳固沟坡，生物与工程措施结合，村、路、田、园

沟道红土泄溜坡面治理

大面积山坡治理状况

全方位配置和建设水沙调控体系方面取得显著突破，成果达到国内同类地区领先水平。该成果获1994年定西地区科技进步一等奖。

项目主要研究人员：杨志爱、周志祥、庞元平、李志刚、李文波、黄治林、张荷琴、李宗效、王建华、乔军。

二十四、水土保持治理措施对位配置推广及深化研究

项目起止时间：1989 ~ 1994年。该项目由甘肃省水利厅下达。本项目是"小流域地形小气候、土壤水分特征及治理措施对位配置研究"的推广及深化研究。研究工作紧密结合定西地区实际，在张山、冯河、里仁、关川河四条典型流域建立示范区，全方位配置各种治理措施78 369 hm²，在全区七县推广各项对位配置措施261 653 hm²，取得了显著的经济效益、社会效益和生态效益，超额完成了下达的推广任务。本项推广研究达到了国内同类项目的领先水平。该项目成果1996年获甘肃省水利厅科技推广一等奖、甘肃省科技进步三等奖。

项目主要研究人员：张富、李登贵、吴祥林、许富珍、景亚安、张定平、宁建国、郭殿珍、王仰清、丁继福、孙玉兰、赵守德、史海滨、邱宝华、王敦民。

二十五、半干旱区节水农业技术研究

项目起止时间：1989年10月至1993年12月。该项目是国家科委下达的应用技术研究。本课题对聚流方式、渗水孔设计、地表覆盖等进

径流小区

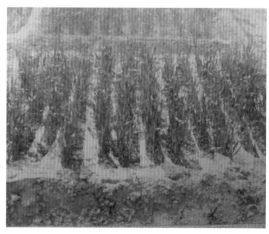

试验小区

行了系统研究，探索了有效利用天然降水的途径。通过监理聚流区、配置节水设施、进行节水灌溉，提高了农作物的降水利用效率。研究提出的最佳集水区面积、集流场处理方法及适时定额灌溉等技术，为发展聚流农业提供了科学依据。通过不同覆盖材料、覆盖方法和渗水孔设计，可应用于农业生产。与对照区相比，生产相同数量的粮食可节水31.4%～35.3%。鉴定委员会认为，课题在综合配置节水技术方面有所创新，该成果在同类研究中居国内先进水平。

项目主要研究人员：叶振欧、李旭升、贵立德、王健、万廷朝、何增化、梁胜利、尚新明。

二十六、河北杨大田扦插育苗技术推广

项目起止时间：1990～1992年。任务要求在1990～1992年应用《河北杨大田扦插育苗技术试验研究》的技术成果，在全区各县推广育苗50亩。该项目具体实施3年，在全区各县累计育苗83.9亩，产苗41.95万株，苗木成活率68%～88.3%，向社会提供苗木12.45万株，折合造林面积778亩。按计划全部完成了推广任务，为河北杨这一宝贵林业资源的发展奠定了较好的基础。课题鉴定委员会认为，该项目成果具有技术先进性和生产实用性的明显特点，达到省内先进水平。该成果1996年

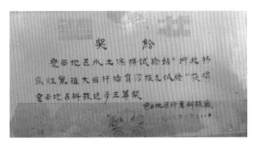

苗木生长状况

苗木调查

获定西地区科技进步三等奖。

项目研究人员：尚新明、肖江东、陈伟峰、单书林、刘兰芳、李林、张锁顺、田育新、何俊仁、庞元平、陈守军。

二十七、定西黄土丘陵沟壑区土壤侵蚀规律研究

项目起止时间：1991年1月1日至1995年7月15日。该课题由甘肃省农科院下达。该课题通过小流域监测网络取得的系统数据，查清了治理4年前后的减水减沙效益；以降雨复合因子PI$_{30}$等参数建立了土壤侵蚀模数等模型，探索了表层黄土抗剪力及可蚀性的时空变化规律，对小流域人为因素减水减沙效果进行了定量分析评估，分析了小流域水土流失时空分布规律，采用计算机模拟技术建立了高泉沟小流域水流泥沙概念性耦合模型。鉴定委员会认为，本课题揭示的定西黄土丘陵沟壑区土壤侵蚀规律具有较高的研究水平和学术价值，达到国内同类研究的先进水平。该成果1996年获得甘肃省水利厅科技进步三等奖。

课题主要研究人员：董荣万、朱兴平、何增化、万廷朝、王小平、曹国璠、何宝林。

坡面径流小区

二十八、黄土丘陵沟壑区农业生态环境治理技术体系研究

项目起止时间：1991～1995年。该项目由甘肃省水利厅下达，甘肃省农科院旱地农业研究所主持，定西地区水土保持科学研究所参加完成。该课题以高泉沟小流域（9.168 km²）为试区，经过试验研究及治理实践，治理程度高，保持水土效益突出，为半干旱贫困山区农业发展和群众脱贫致富开创了新路。鉴定委员会认为，本项研究在农业生态环境治理、水土资源综合利用、生物高效开发的结合上有突破，达到国内旱作农业环境治理研究方面的领先水平。该项目成果获甘肃省水利厅科技进步二等奖。

项目主要研究人员：刘和斌、年永录、何宝林、曹国番、朱兴平、董俊、王小平。

二十九、半干旱区芦笋栽培及效益研究

项目起止时间：1994～1997年。该项目由甘肃省水利厅下达。主要研究内容有育苗技术试验、灌溉制度试验、产笋期确定、生产效益研究。课题研究以丰产栽培技术为重点，主要采取正交、回归分析等试验分析

大棚内芦笋生长状况

手段，对芦笋育苗方法、栽植密度、施肥量、灌水时间、灌水周期及适宜采收时间和次数等做了分析研究，总结出适合当地气候、生产条件的栽培技术模式。所取得的成果达到了国内同类研究的先进水平。该项目获甘肃省水利厅科技进步三等奖。

项目主要研究人员：尚新明、张富、刘俭、刘宏斌、赵金华、余仰荣、乔生彩、王健、单书林、成昌军。

三十、半干旱区日光温室聚流滴灌系统及栽培技术研究

项目起止时间：1995 ~ 1997 年。该项目是甘肃省水利厅下达的应用技术研究。该项目通过三年的试验研究，掌握了适应半干旱区气候特征的温室结构及建造设计技术；总结了一套日光温室内冬季种植黄瓜、番茄、番瓜、辣椒等蔬菜的栽培管理技术；完成了试验基地聚流储水工程的设计并首次在温室内成功地配置了节水滴灌系统；进行了滴灌节水试验，带动和促进了节水滴灌技术在日光温室内的普及和推广。

项目主要研究人员：宁建国、张世英、单书林、贵立德、李登贵、张德明。

三十一、滴灌工程示范推广

项目起止时间：1995 ~ 1997 年。该项目由定西地区科技咨询中心、定西地区水保科研所、定西县水利水保局共同承担完成。项目执行期间，累计示范推广滴灌 2 612 亩，其中大田 2 100 亩、果园 492 亩、温室 20 亩，新增产值 217.5 万元，圆满完成项目下达的任务指标。对集雨滴灌工程的应用和推广具有超前性、科学性和适用性，技术先进，成本低、经济、社会效益显著，在同类干旱区有较高的推广价值。项目成果在国内同类干旱地区利用集雨滴灌面积推广处于领先水平。该项目成果获定西地区科技进步三等奖。

项目主要研究人员：霍兴诚、张富、张新民、刘福祥、陈瑾、王健、陈新民、包克明、杜林。

三十二、人工汇集雨水利用技术研究

项目起止时间：1996~2000 年。该项目为国家"九五"科技攻关项目"节水农业技术研究与示范"项目子课题，由中国科学院、水利部水土

保持研究所承担完成。研究内容包括：人工汇集雨水高效集流材料研究、集流场的规划设计技术研究、雨水汇集工程的配套技术研究等，创建了坡地集雨灌溉利用模式和坡地活动式集雨节灌模式。鉴定委员会认为，本专题较系统地研究了人工汇集雨水利用技术，具有明显的中国特色，大部分成果得到推广应用，效益显著，成果总体上达到国际先进水平。该成果获教育部科技进步二等奖。

项目主要研究人员：张富、尚新明、李登贵、郭彦彪。

三十三、半干旱区农业生态资源高效利用模式研究

项目起止时间：1997～1999年。主要研究内容为：生态资源利用潜力分析；资源开发利用途径研究；资源开发利用模式研究；土地、人口、粮食承载力分析研究；土地利用结构效益及退耕还林（草）与农业可持续发展研究。该项成果在雨水资源叠加富集与利用方面有创新，达到国内同类研究的先进水平。该项目获甘肃省水利厅科技进步二等奖。

项目主要研究人员：刘俭、尚新明、赵克荣、高嶙、朱兴平、张新民、包桂兰、乔发奎、成昌军。

三十四、半干旱区雨水资源化潜力及农业可持续发展研究

项目起止时间：1997～2000年。该项目由甘肃省水利厅下达，主持单位为定西地区水土保持科学研究所。主要研究内容有：半干旱地区雨

滴灌玉米

试验玉米

水资源化潜力研究、雨水高效利用途径及作物栽培技术规范化研究、高效节灌技术最佳匹配试验。鉴定委员会认为：该课题深入分析了雨水分布特性及水分运行规律，研究总结了雨水高效利用模式，其采用的技术途径及集雨节灌模式研究达到国内领先水平，在干旱半干旱地区具有广泛的推广应用价值。该项目获甘肃省水利厅科技进步二等奖。

项目主要研究人员：张富、尚新明、黄占斌、李定、李登贵、郭彦彪、吴南江、许富珍。

三十五、半干旱地区生态修复技术与可持续发展研究

项目起止时间：2002 ~ 2005 年。该课题运用生态经济学和系统学原理，采用科研与实施相结合的方法，对生态修复技术和经济可持续发展进行研究，总结了在半干旱区实施生态修复的技术体系。鉴定委员会认为：该课题结合水土保持生态修复工程项目，研究了生态修复工程与水土流失区生态经济可持续发展的关系，总结提出的水土保持生态修复集成技术和农村生态经济发展模式，在同类地区具有广泛的推广应用价值，成果达到国内领先水平。该项研究获定西市科技进步二等奖。

项目主要研究人员：尚新明、吴祥林、张金昌。

三十六、陇中丘陵区（定西）作物抗旱丰产与经济综合发展研究

项目起止时间：1996 ~ 2000 年。该成果以控制水土流失、改善生态环境、提高粮食产量、增加农民经济收入为主攻方向，以自然降水高效利用与管理为突破口，成功地提出了黄土高原西部半干旱丘陵沟壑区生态环境改善、旱农抗旱丰产、流域经济持续发展的途径与成套技术。研究成果达到了国际先进水平。

项目主要参加人员：高世铭、兰晓泉、曹国璠、苏永生、杨封科、郭贤仕、何宝林、张东伟、朱兴平、王小平、李秀君、张绪成、汤瑛芳、张军、王天华、吕军峰、马一凡、苟作旺。

三十七、半干旱区黄土丘陵沟壑区水土流失防治技术与示范

项目起止时间：2001 ~ 2005 年。该项目是国家"十五"科技攻关计

划重大项目，由甘肃省林业科学研究院、中国科学院生态环境研究中心、甘肃林研科技工程公司、定西市水土保持科学研究所共同完成。在定西安家沟流域，通过水土流失防治技术研究与示范，达到了半干旱黄土丘陵沟壑区典型研究地区生态系统结构合理、生态功能稳定、社会经济效益良好的目标。成果水平为国内领先，获甘肃省科学技术进步二等奖。

项目主要参加人员：吴祥林、张金昌、肖江东。

三十八、陇中黄土高原生态安全格局分析与评价研究

项目起止时间：2007年4月至2009年4月。研究成果主要应用于黄土高原区生态环境监测、水土流失治理、土地利用规划等方面。该项目以陇中黄土高原区的定西市安定区为研究区域，以遥感影像为数据源，应用GIS、RS技术，开展生态安全综合评价研究，对区域水土流失治理及土地的开发利用具有重要的理论价值和指导意义。成果达到国内同类研究领先水平。

项目主要参加人员：邸利、黄海霞、李艳霞、李纯斌、吴静、李毅、张富、吴东平。

三十九、黄土丘陵沟壑区生态综合整治技术开发

项目起止时间：2006～2010年。该课题是"十一五"国家科技支撑计划"典型脆弱生态系统重建技术及示范"重大项目的课题之一，课题由甘肃省林业科学院主持，中科院生态环境研究中心、定西市水土保持科学研究所、甘肃省林研科技工程公司协作完成。本研究是以生态保育和流域治理为主，兼顾区域产业和经济协调发展的综合项目。研究目的旨在通过综合考虑水土流失治理技术体系和生态经济结构优化调整，探讨水土流失治理与生态产业一体化的途径，从而达到改善黄土丘陵沟壑区农民的人居环境、增加经济收入的目的，为建立人与自然和谐的生态环境提供科技支撑。本项目申请国家专利1项，软件登记1项。该成果通过了国家验收和甘肃省成果鉴定，鉴定委员会一致认为，此研究成果在理论和技术上有重大突破和创新，总体达到了国际先进水平。

项目主要参加人员：蔡国军、陈利顶、于洪波、卫伟、邹天福、莫保儒、柴春山、陈瑾。

四十、黄土丘陵沟壑区生态清洁型小流域水土流失综合治理体系

项目起止时间：2001～2005年。该课题为国家"十一五"科技支撑项目"黄土丘陵沟壑区生态综合整治技术开发"的子课题之一。本课题是在主持完成国家"十五"科技攻关课题"半干旱黄土丘陵沟壑区水土流失防治技术与示范"的基础上，开展的科技支撑课题。该项目是国家"十五"科技攻关计划重大项目，主要开展流域水土保持综合整治技术与模式、水土流失治理与生态产业一体化的技术途径、农户微循环经济等方面的研究。将研究、示范与治理相结合，总结出生态清洁小流域水土流失综合治理体系模式，为同类型地区的生态综合治理提供技术支撑。成果总体上达到国内同类研究的领先水平。获定西市科学技术进步二等奖。

项目主要参加人员：陈瑾、蔡国军、吴东平、马海霞、张佰林、柴春山、王子婷、赵金华、乔生彩、岳永文、王永军、张德明。

四十一、干旱半干旱区森林生态系统－水文动态耦合过程研究

项目起止时间：2004～2010年。该课题是兰州大学自列项目，得到教育部和国家自然科学基金委的支持。项目所建立的生物地理模型对潜在植被分布进行了有效模拟，利用改进的湿度指数模型对土壤水分进行了时空动态预测，发展了生态需水量的估算方法，达到同类研究的国内领先水平。

项目主要研究人员：赵传燕、冯兆东、王刚、车宗玺、吴东平、王小平、张金铭、刘文峰。

四十二、甘肃省黄土丘陵沟壑区第Ⅴ副区水土保持综合治理措施效益分析

项目起止时间：2011～2013年。该课题主要开展甘肃省丘Ⅴ区水土保持综合治理措施种类和数量的统计、甘肃省丘Ⅴ区水土保持综合治理措施效益计算及甘肃省丘Ⅴ区效益不同时段的变化数量。将研究、示范与治理相结合，总结甘肃省丘Ⅴ区水土保持综合治理措施效益计算体系、效益指标参数及效益变化数量，为同类型地区的水土保持综合治理措施

效益分析、计算、评价提供技术支撑和数据依据。该课题研究所得成果具有一定的创新性,对甘肃省水土保持综合治理措施效益分析具有重要的理论和借鉴作用,成果达到同类研究的国内领先水平。

项目主要参加人员:刘志贤、李永明、马海霞、赵金华、张德明、王志功、王丽洁、王昱博、张佰林。

四十三、定西黄土高原丘陵沟壑区第Ⅴ副区侵蚀沟道特征与水沙资源保护利用研究

项目起止时间:2011～2013年。该课题主要开展定西丘Ⅴ区侵蚀沟道分级分类研究、侵蚀沟道水沙来源与水沙变化研究、侵蚀沟道利用现状模式调查及效益分析、侵蚀沟道水沙资源开发利用方向研究、侵蚀沟道综合管理技术模式研究。总结分析出丘Ⅴ区侵蚀沟道水沙来源与变化结论,提出了四种侵蚀沟道利用模式及管理技术模式,作为侵蚀沟利用和发展的新思路、新技术,目前已在丘Ⅴ区范围内示范推广,效益显著。该课题研究所获成果具有一定的创新性,为丘Ⅴ区沟道水沙利用和沟坡治理提供了理论与技术支撑,成果达到同类研究的国内领先水平,获定西市科技进步二等奖。

项目主要参加人员:李永明、赵金华、李旭春、王丽洁、张金昌、陈瑾、林桂芳、王志功、王小平、张佰林、刘志贤、王昱博、陈荣、张德明。

第四章　服务·推广

第一节　社会服务概述

　　定西市水土保持科学研究所承担水土保持领域的基础科学研究，为定西市乃至周边相同水土流失类型区综合治理提供科学依据和技术支撑。为更好地服务于全市及周边区域水土保持生态环境建设，定西市水土保持科学研究所发挥水土保持专业技术优势，不断地拓宽业务范围。技术服务领域涉及开发建设项目水土保持方案编制、生态工程规划设计、水土保持监测、水土保持监理、水利水电工程施工等。从1998年开始，10多年来服务于全市及周边生态环境建设项目和生产建设项目水土保持方案编制工作等300余项。

　　先后办理各类资格证书12项，其中编制开发建设项目水土保持方案资格证书乙级、工程设计证书丙级（业务范围：水利行业（灌溉排涝、河道整治）主导工艺丙级；市政公用行业（风景园林工艺）主导工艺丙级；农林行业（农业综合开发工程、农业生态保护工程（土地工程、水土保持、废弃物处理））主导工艺丙级；营造林工程（种苗花卉生产、营林造林、国土绿化美化）主导工艺丙级）、水土保持监测资格证书乙级、水利水电工程施工总承包三级。

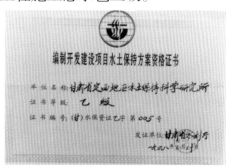

资质证书一览表如表4-1所示。

表4-1 资质证书一览表

证件名称	颁证时间（年·月）	单位名称	资质等级	发证单位
编制开发建设项目水土保持方案资格证书	1998.3	甘肃省定西地区水土保持科学研究所	乙级	甘肃省水利厅
工程设计证书	2000.8	定西生态环境规划设计院	丙级	甘肃省建设厅
编制开发建设项目水土保持方案资格证书	2003.7	甘肃省定西市水土保持科学研究所	乙级	甘肃省水利厅
工程设计证书	2006.4	定西市生态工程规划设计院	丙级	甘肃省建设厅
编制开发建设项目水土保持方案资格证书	2007.11	甘肃省定西市水土保持科学研究所	乙级	甘肃省水利厅
水土保持监测资格证书	2010.7	甘肃省定西市水土保持科学研究所	乙级	中华人民共和国水利部
水土保持监测资格证书	2007.7	甘肃省定西市水土保持科学研究所	乙级	中华人民共和国水利部
安全生产许可证	2010.2	定西百源水土工程有限公司		
建筑业企业资质证书	2008.5	定西百源水土工程有限公司	水利水电工程施工总承包叁级	定西市建设委员会
生产建设项目水土保持监测单位水平评价证书	2015.4	甘肃省定西市水土保持科学研究所	乙级	中国水土保持学会
水土保持方案编制资格证书	2013.9	定西百源水土工程有限公司	乙级	中国水土保持学会
水土保持方案编制资格证书	2015.8	定西百源生态工程技术咨询有限公司	乙级	中国水土保持学会

　　单位十分重视专业技术人员的继续教育和业务培训，通过各种渠道对从业人员进行资格认证及技术培训，从1999年参加甘肃省水利厅举办的全省第一批水土保持方案编制岗位培训，陈瑾等三人取得岗位培训合格证书开始，陆续参加各类水土保持专业技术培训。截至目前，持证人员共计64人，其中取得水土保持方案编制岗位培训合格证书33人、水土保持监测人员上岗证书8人、水利行业培训证书13人、水土保持工程概（估）算编制规定及定额培训证书4人、水土保持监理证书1人、水土保持监测技术培训合格证书5人。

　　持证人员一览表如表4-2所示。

表4-2　持证人员一览表

日期（年·月）	证件名称	持证人员	发证单位
1999.3	水土保持方案编制岗位培训合格证书	陈瑾	甘肃省水利厅水土保持局
1999.3	水土保持方案编制岗位培训合格证书	张富	甘肃省水利厅水土保持局
1999.3	水土保持方案编制岗位培训合格证书	贵立德	甘肃省水利厅水土保持局
2003.1	水土保持方案编制岗位培训合格证书	尚新明	甘肃省水利厅水土保持局
2003.1	水土保持方案编制岗位培训合格证书	董荣万	甘肃省水利厅水土保持局
2003.1	水土保持方案编制岗位培训合格证书	肖江东	甘肃省水利厅水土保持局
2003.1	水土保持方案编制岗位培训合格证书	石培忠	甘肃省水利厅水土保持局
2003.1	水土保持方案编制岗位培训合格证书	张金铭	甘肃省水利厅水土保持局
2003.8	水土保持监测人员上岗证书	王小平	水利部水土保持司
2003.8	水土保持监测人员上岗证书	董荣万	水利部水土保持司
2003.8	水土保持监测人员上岗证书	贵立德	水利部水土保持司
2003.12	水土保持工程概（估）算编制规定及定额培训证书	张金铭	水利部水利水电规划设计总院
2003.12	水土保持工程概（估）算编制规定及定额培训证书	石培忠	水利部水利水电规划设计总院
2003.12	水土保持工程概（估）算编制规定及定额培训证书	康月琴	水利部水利水电规划设计总院
2003.12	水土保持工程概（估）算编制规定及定额培训证书	马燕	水利部水利水电规划设计总院
2005.6	水土保持监理证书	乔生彩	中国水利工程协会
2005.11	水土保持监测人员上岗证书	张金铭	水利部水土保持监测中心

续表 4-2

日期(年·月)	证件名称	持证人员	发证单位
2005.11	水土保持监测人员上岗证书	张栢林	水利部水土保持监测中心
2005.11	水土保持监测人员上岗证书	张德明	水利部水土保持监测中心
2005.11	水土保持监测人员上岗证书	李永明	水利部水土保持监测中心
2005.11	水土保持监测人员上岗证书	肖江东	水利部水土保持监测中心
2008.10	水利行业培训证书	乔生彩	水利部水土保持监测中心
2008.11	水土保持方案编制岗位培训合格证书	李永明	甘肃省水土保持学会
2008.11	水土保持方案编制岗位培训合格证书	林桂芳	甘肃省水土保持学会
2008.11	水土保持方案编制岗位培训合格证书	曲富荣	甘肃省水土保持学会
2008.11	水土保持方案编制岗位培训合格证书	王小平	甘肃省水土保持学会
2008.11	水土保持方案编制岗位培训合格证书	石培忠	甘肃省水土保持学会
2008.11	水土保持方案编制岗位培训合格证书	侯建国	甘肃省水土保持学会
2008.11	水土保持方案编制岗位培训合格证书	李弘毅	甘肃省水土保持学会
2008.11	水土保持方案编制岗位培训合格证书	张金铭	甘肃省水土保持学会
2008.11	水土保持方案编制岗位培训合格证书	吴东平	甘肃省水土保持学会
2008.11	水土保持方案编制岗位培训合格证书	董荣万	甘肃省水土保持学会
2012.6	水利行业培训证书	李旭春	水利部水土保持监测中心
2012.6	水利行业培训证书	岳永文	水利部水土保持监测中心
2012.6	水利行业培训证书	刘文峰	水利部水土保持监测中心
2012.6	水利行业培训证书	马海霞	水利部水土保持监测中心
2012.6	水利行业培训证书	曲富荣	水利部水土保持监测中心
2012.6	水利行业培训证书	赵金华	水利部水土保持监测中心
2012.6	水利行业培训证书	刘宏斌	水利部水土保持监测中心
2012.6	水利行业培训证书	王志功	水利部水土保持监测中心
2012.6	水利行业培训证书	李弘毅	水利部水土保持监测中心

续表 4-2

日期(年·月)	证件名称	持证人员	发证单位
2012.6	水利行业培训证书	陆佩毅	水利部水土保持监测中心
2012.6	水利行业培训证书	陈瑾	水利部水土保持监测中心
2012.6	水利行业培训证书	吴东平	水利部水土保持监测中心
2013.4	水土保持监测技术培训合格证书	马燕	甘肃省水利厅人事处
2013.4	水土保持监测技术培训合格证书	陈荣	甘肃省水利厅人事处
2013.4	水土保持监测技术培训合格证书	刘小荣	甘肃省水利厅人事处
2013.4	水土保持监测技术培训合格证书	王昱博	甘肃省水利厅人事处
2013.4	水土保持监测技术培训合格证书	刘志贤	甘肃省水利厅人事处
2013.5	水土保持方案编制岗位培训合格证书	石培忠	中国水土保持学会
2013.5	水土保持方案编制岗位培训合格证书	曲富荣	中国水土保持学会
2013.5	水土保持方案编制岗位培训合格证书	李弘毅	中国水土保持学会
2013.5	水土保持方案编制岗位培训合格证书	吴东平	中国水土保持学会
2013.5	水土保持方案编制岗位培训合格证书	张金铭	中国水土保持学会
2013.5	水土保持方案编制岗位培训合格证书	李永明	中国水土保持学会
2013.5	水土保持方案编制岗位培训合格证书	尚新明	中国水土保持学会
2013.5	水土保持方案编制岗位培训合格证书	林桂芳	中国水土保持学会
2013.5	水土保持方案编制岗位培训合格证书	陈瑾	中国水土保持学会
2013.5	水土保持方案编制岗位培训合格证书	王小平	中国水土保持学会
2013.5	水土保持方案编制岗位培训合格证书	刘小荣	中国水土保持学会
2013.5	水土保持方案编制岗位培训合格证书	王丽洁	中国水土保持学会
2013.5	水土保持方案编制岗位培训合格证书	王琨	中国水土保持学会
2013.5	水土保持方案编制岗位培训合格证书	吴南江	中国水土保持学会
2013.5	水土保持方案编制岗位培训合格证书	刘志贤	中国水土保持学会

第二节　国家级水土保持监测网络

2005 年，水利部水土保持监测中心在定西市安家沟流域设立综合典型监测站，是全国水土保持监测网络和信息系统建设一期工程确定的 37 个水蚀监测点之一。2007 年，安家沟观测场和龙滩径流场同时被水利部水土保持监测中心确定为全国水土保持监测网络和信息系统建设二期工程水蚀监测点，2010 年建成，承担"全国水土流失动态监测与公告项目"一期和二期监测工作。安家沟观测场监测设施由控制站、气象园、径流小区三部分组成。龙滩径流场监测设施由 5 要素全自动气象观测站和径流小区两部分组成。安家沟流域综合典型监测站现有工作人员 8 人，其中中级职称 3 人，初级职称 3 人，工人 2 人。

一、监测站站址

定西市安家沟流域综合典型监测站设立在定西市水土保持科学研究所。由安家沟观测场和龙滩径流场两个点组成。

安家沟观测场位于定西市安定区凤翔镇安家沟流域。

龙滩径流场地处定西市安定区巉口镇，修建场地 2007 年从当地农民购买，我所具有该土地的长期使用权。

二、监测站工作任务

按照全国水土流失动态监测与公告项目《径流小区和小流域控制站监测手册》等要求，完成年度典型小流域水土流失监测，年度监测成果整编、入库、复查、提交。

三、监测站观测项目

甘肃省定西市安家沟观测场主要监测内容：在径流小区进行降水量及降水强度、土壤水分、径流量和泥沙量、植被盖度、作物产量等内容的监测；在控制站进行侵蚀动力要素、水位、流速与流量和泥沙等内容的监测；在气象园进行气压、风速风向、气温、地温、降雨量、蒸发量、天气现象、冻土等内容的监测。

龙滩径流场主要监测内容：在径流小区进行降水量及降水强度、土壤水分、径流量和泥沙量、植被盖度、作物产量等内容的监测；气象站进行气压、风速风向、气温、地温观测。

安家沟观测场从 1986 年开始观测，迄今为止已连续开展工作并整编资料 29 年。从 2005 年起，已连续 10 年向水利部水土保持监测中心上报监测数据。资料数据在水土流失规律研究、小流域综合治理、农田基本建设、水保林草建设、水保工程质量效益监测等项目中发挥了非常重要的作用，在甘青宁山地丘陵沟壑区具有代表性。

四、监测设施设备照片

一期、二期径流小区

气象园

地温计

电脑、电子天平

1986 年修建的径流小区

1986 年修建的径流小区

二期修建的径流小区及径流小区径流过程观测仪

烘箱

黄土小流域水蚀过程对降雨和土地利用格局演变的响应机制实验基地

兰州大学土壤水势以及植被水势的测定仪器

三角量水堰

观测房

气象园全貌

兰州大学植被液流观测仪器

龙滩径流小区

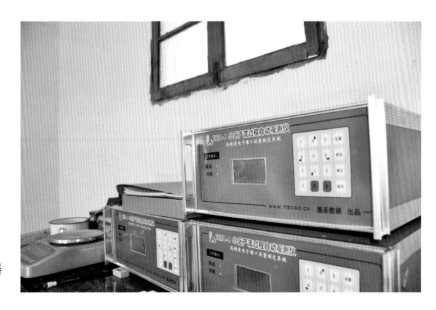

观测仪器

第三节　坝系工程及单坝设计

2003 年 1 月,水利部启动实施三项新亮点工程"淤地坝建设、牧区水利建设和小水电带燃料生态保护工程",在黄土高原地区实施大规模的淤地坝建设。淤地坝是黄河上中游地区一项重要的治沟工程,在沟道中拦泥、滞洪、淤地造田,发展生产的水土保持工程设施。自黄土高原区实施淤地坝建设以来,单位积极参与坝系工程建设及单坝设计,2003 ~ 2015 年,规划设计了 6 条坝系工程,设计淤地坝 164 座。

2003 年,完成甘肃省第一批坝系工程《泾川县田家沟坝系可行性研究报告》后,接着完成了《陇西县揭皮沟小流域坝系工程建设可行性研究报告》《临洮县渭河流域广丰流域坝系工程可行性研究报告》《平凉市崆峒区小芦河小流域坝系工程可行性研究报告》《平凉市静宁县狗娃河小流域坝系工程可行性研究报告》《渭源县唐家河小流域坝系可行性研究报告》等 5 条坝系规划设计。

坝系工程中单坝设计有定西市陇西县揭皮沟小流域坝系工程单坝设计、平凉市泾川县田家沟小流域坝系工程单坝设计、通渭县徐川小流域坝系工程单坝设计、定西市临洮县广丰小流域坝系工程设计、东乡族自

泾川县田家沟水保生态风景区

治县陈家沟小流域坝系工程单坝设计、渭源县桥子沟小流域坝系工程单坝设计、武山县张家沟小流域坝系工程单坝设计等。通过对坝系工程及单坝设计成果的后期调查和回访，工程实施后，拦泥蓄水、淤地造田等水土流失防治效果显著，改善了当地农村交通道路、生产生活条件，促进了经济发展，水土保持生态效益、经济效益和社会效益突显。

荣获"国家水利风景区"称号

荣获"水土保持科技示范园区"称号

获得 AAAA 国家级旅游景区

4号骨干坝后水景广场

淤地坝拦泥蓄水

完工的淤地坝　　　　　　　　　淤地坝施工现场

第四节　项目规划工作

2009 ~ 2015 年，从事规划及前期工作共计 2 项：《甘肃省定西市渭河源头综合治理项目建议书》《甘肃定西渭河源区生态保护与综合治理规划》（经国家发改委正式批复）。

项目规划工作一览表如表 4-3 所示。

表 4-3　项目规划工作一览表

序号	项目名称	审查	实施情况	备注
1	甘肃省定西市渭河源头综合治理项目建议书		上报定西市政府	
2	甘肃定西渭河源区生态保护与综合治理规划	通过国家发改委审查	国家发改委正式批复	本单位参与人数达 10 多人，历时 3 年多，做了大量的工作

第五节　小流域综合治理

2001 ~ 2015 年，规划设计小流域综合治理项目共计 83 项。通过黄河水利委员会审查的 1 项，通过黄河上中游管理局审查的 1 项，其余均通过甘肃省水利厅审查。通过黄河水利委员会审查的"黄河水土保持生态工程大夏河流域和政项目区可行性研究报告"、黄河上中游管理局审查的"黄河水土保持生态工程大夏河流域和政项目区初步设计报告"，于 2009 年实施完成。

齐家沟流域坡面实施梯田效果

齐家沟流域坡面造林

王金岔流域坡面、沟道治理效果

项目评审现场

造林整地

荒坡造林   兴修的梯田

小流域综合治理实施方案一览表如表4-4所示。

表4-4 小流域综合治理实施方案一览表

序号	项目名称	审查	报批时间（年·月）
1	黄河水土保持生态工程大夏河流域和政项目区可行性研究报告	通过黄河水利委员会审查	2007.6
2	黄河水土保持生态工程大夏河流域和政项目区初步设计报告	通过黄河上中游管理局审查	2007.10
3	老鸦山小流域水土保持工程初步设计报告	通过甘肃省水利厅审查	2001.2
4	岷县东沟精品示范小流域工程施工设计	通过甘肃省水利厅审查	2001.4
5	漳县骆家沟精品示范小流域工程施工设计	通过甘肃省水利厅审查	2001.4
6	甘肃省定西县李家滩小流域水土保持建设项目（立项建议书）可行性研究报告	通过甘肃省水利厅审查	2001.7
7	甘肃省定西县李家滩小流域水土保持建设项目图册	通过甘肃省水利厅审查	2001.7
8	甘肃省定西县文丰小流域水土保持建设项目（立项建议书）可行性研究报告	通过甘肃省水利厅审查	2001.7
9	甘肃省定西县文丰小流域水土保持建设项目图册	通过甘肃省水利厅审查	2001.7
10	黄河流域陇西县鱼家峡小流域水土保持生态工程可行性研究报告	通过甘肃省水利厅审查	2001.7
11	黄河流域陇西县何世岔小流域水土保持生态工程可行性研究报告	通过甘肃省水利厅审查	2001.7
12	黄河流域陇西县张回岔小流域水土保持生态工程可行性研究报告	通过甘肃省水利厅审查	2001.7
13	黄河流域渭源县林子沟小流域水土保持生态工程可行性研究报告	通过甘肃省水利厅审查	2001.7
14	国家农业综合开发黄河流域陇西县水土保持项目可行性研究报告	通过甘肃省水利厅审查	2001.7
15	国家农业综合开发黄河流域陇西县珍珠流域水土保持工程初步设计报告	通过甘肃省水利厅审查	2001.7

续表 4-4

序号	项目名称	审查	报批时间（年·月）
16	国家农业综合开发黄河流域陇西县张家湾小流域水土保持工程初步设计报告	通过甘肃省水利厅审查	2001.7
17	国家农业综合开发黄河流域陇西县东冯岔小流域水土保持工程初步设计报告	通过甘肃省水利厅审查	2001.7
18	黄河流域渭源县柳林沟小流域水土保持生态工程可行性研究报告	通过甘肃省水利厅审查	2001.7
19	国家农业综合开发黄河流域陇西县牛蹄小流域水土保持初步设计报告	通过甘肃省水利厅审查	2001.7
20	国家农业综合开发黄河流域陇西县牛蹄小流域水土保持工程项目可行性研究报告	通过甘肃省水利厅审查	2002.1
21	国家农业综合开发黄河流域陇西县邓家沟小流域水土保持工程	通过甘肃省水利厅审查	2002.1
22	国家农业综合开发黄河流域陇西县鹿獐小流域水土保持项目	通过甘肃省水利厅审查	2002.1
23	甘肃省漳县 2001 年国家生态建设综合治理工程单项设计报告	通过甘肃省水利厅审查	2002.2
24	陇西县国家生态环境建设水土保持工程作业设计报告	通过甘肃省水利厅审查	2002.4
25	陇西县 2003 年水土保持专项治理工程实施方案（景罗小流域）	通过甘肃省水利厅审查	2003.12
26	陇西县 2003 年水土保持专项治理工程实施方案（鹿獐小流域）	通过甘肃省水利厅审查	2003.12
27	黄河及内陆河流域水土流失重点治理工程岷县水土保持工程项目 2003 年实施方案	通过甘肃省水利厅审查	2004.5
28	黄河水土保持生态工程陇西县鱼家峡小流域综合治理初步设计报告	通过甘肃省水利厅审查	2004.5
29	岷县藏河生态修复工程项目规划设计报告	通过甘肃省水利厅审查	2004.7
30	甘肃省陇西县以工代赈蒲家山小流域综合治理可行性研究报告	通过甘肃省水利厅审查	2005.2
31	黄河水土保持生态工程陇西生态修复项目设计报告	通过甘肃省水利厅审查	2005.1
32	黄河水土保持生态工程甘肃省岷县迭藏河流域生态修复初步设计报告	通过甘肃省水利厅审查	2005.5
33	通渭县地八小流域水土保持治理开发项目初步设计报告	通过甘肃省水利厅审查	2005.5
34	陇西县牛蹄湾小流域综合治理初步设计报告	通过甘肃省水利厅审查	2005.7
35	陇西县深沟小流域综合治理初步设计报告	通过甘肃省水利厅审查	2005.8
36	甘肃省定西市渭源县生态保护示范工程项目建议书	通过甘肃省水利厅审查	2005.10
37	黄河水土保持生态工程漳县大草滩生态修复初步设计报告	通过甘肃省水利厅审查	2006.1
38	黄河水土保持生态工程甘肃省陇西县马南岔重点小流域综合治理工程初步设计报告	通过甘肃省水利厅审查	2006.5
39	甘肃省东乡县石拉田流域生态环境综合治理开发项目可行性研究报告	通过甘肃省水利厅审查	2006.9

续表 4-4

序号	项目名称	审查	报批时间（年·月）
40	国家水土保持重点建设甘肃省通渭县牛谷河项目区朱家营滩小流域初步设计报告	通过甘肃省水利厅审查	2008.2
41	国家水土保持重点建设甘肃省通渭县牛谷河项目区万家岔小流域初步设计报告	通过甘肃省水利厅审查	2008.2
42	国家水土保持重点建设甘肃省通渭县牛谷河项目区李家大河小流域初步设计报告	通过甘肃省水利厅审查	2008.2
43	国家水土保持重点建设甘肃省通渭县牛谷河项目区段家峡小流域初步设计报告	通过甘肃省水利厅审查	2008.2
44	国家水土保持重点建设甘肃省通渭县牛谷河项目区蒋家川小流域初步设计报告	通过甘肃省水利厅审查	2008.2
45	国家水土保持重点建设甘肃省通渭县牛谷河项目区水岔小流域初步设计报告	通过甘肃省水利厅审查	2008.2
46	国家水土保持重点建设甘肃省通渭县牛谷河项目区马营小流域初步设计报告	通过甘肃省水利厅审查	2008.2
47	甘肃省岷县池那湾水土保持综合治理工程初步设计报告	通过甘肃省水利厅审查	2008.6
48	通渭县碧玉乡朱川小流域综合治理工程初步设计报告	通过甘肃省水利厅审查	2008.12
49	水土保持生态工程通渭县党家沟小流域水土保持综合治理项目可行性研究报告	通过甘肃省水利厅审查	2008.12
50	通渭县朱川小流域坡耕地综合治理项目可行性研究报告	通过甘肃省水利厅审查	2008.12
51	陇西县大河小流域可行性研究报告	通过甘肃省水利厅审查	2008.12
52	国家水土保持重点工程甘肃省黄河流域渭河支流漳县龙川河项目区小流域综合治理工程建设实施方案（2009～2011）	通过甘肃省水利厅审查	2009.1
53	国家水土保持重点工程甘肃省黄河流域渭河支流通渭县三铺项目区坡耕地水土保持整治工程建设实施方案（2009～2011）	通过甘肃省水利厅审查	2009.1
54	国家水土保持重点工程甘肃省黄河流域渭河支流漳县龙川河项目区小流域综合治理实施方案	通过甘肃省水利厅审查	2011.2
55	黄土丘陵沟壑区生态清洁型小流域建设试验示范研究报告	通过甘肃省科技厅审查	2011.3
56	国家水土保持重点建设工程甘肃省陇西县宏齐项目区2011年实施方案	通过甘肃省水利厅审查	2011.7
57	国家水土保持重点建设工程甘肃省陇西县宏齐项目区2012年实施方案	通过甘肃省水利厅审查	2012.7
58	国家水土保持重点建设工程甘肃省陇西县宏齐项目区2012年第二批实施方案	通过甘肃省水利厅审查	2012.9
59	甘肃省易灾地区水土保持生态环境综合治理项目黄河流域洮河支流渭源县大沟项目区小流域综合治理工程可行性研究报告	通过甘肃省水利厅审查	2011.9
60	全国坡耕地水土流失综合治理试点工程陇西县阳山项目区2014年实施方案	通过甘肃省水利厅审查	2014.2

续表 4-4

序号	项目名称	审查	报批时间 (年·月)
61	定西市 2014 年中央预算内投资项目陇西县刘家掌流域水土保持综合治理工程实施方案	通过甘肃省水利厅审查	2014.2
62	定西市 2014 年中央预算内投资项目渭源县渭源镇红山贝聂家山小流域水土保持综合治理工程实施方案	通过甘肃省水利厅审查	2014.2
63	定西市 2014 年中央预算内投资项目陇西县刘家掌流域水土保持综合治理实施方案	通过甘肃省水利厅审查	2014.6
64	甘肃省岷县漳县 6.6 级地震灾后恢复重建漳县水土保持小型拦蓄工程初步设计报告	通过甘肃省水利厅审查	2014.6
65	甘肃省岷县漳县 6.6 级地震灾后恢复重建岷县茶埠镇耳阳沟流域水土保持工程初步设计报告	通过甘肃省水利厅审查	2014.6
66	甘肃省岷县漳县 6.6 级地震灾后恢复重建岷县梅川镇红水沟流域水土保持工程初步设计报告	通过甘肃省水利厅审查	2014.6
67	甘肃省岷县漳县 6.6 级地震灾后恢复重建岷县梅川镇马家沟流域水土保持工程初步设计报告	通过甘肃省水利厅审查	2014.6
68	甘肃省岷县漳县 6.6 级地震灾后恢复重建岷县茶埠镇将台沟流域水土保持工程初步设计报告	通过甘肃省水利厅审查	2014.6
69	甘肃省岷县漳县 6.6 级地震灾后恢复重建岷县禾驮乡随固流域水土保持工程初步设计报告	通过甘肃省水利厅审查	2014.6
70	甘肃省岷县漳县 6.6 级地震灾后恢复重建漳县水土保持田间道路初步设计报告	通过甘肃省水利厅审查	2014.6
71	国家农业综合开发水土保持项目漳县太西沟项目区 2014 年实施方案	通过甘肃省水利厅审查	2014.10
72	全国坡耕地水土流失综合治理试点工程陇西县元兴项目区 2015 年实施方案	通过甘肃省水利厅审查	2015.9
73	国家农业综合开发水土保持项目漳县太西沟项目区 2015 年实施方案	通过甘肃省水利厅审查	2015.8
74	甘肃省陇西县云田项目区 2015 年实施方案	通过甘肃省水利厅审查	2015.8
75	全国坡耕地水土流失综合治理试点工程陇西县元头坪项目区 2015 年实施方案	通过甘肃省水利厅审查	2015.8
76	定西市 2015 年中央预算内投资项目陇西县苟家沟流域水土保持综合治理实施方案	通过甘肃省水利厅审查	2015.11
77	全国坡耕地水土流失综合治理专项工程陇西县八盘项目区 2016 年实施方案	通过甘肃省水利厅审查	2016.1
78	甘肃省陇西县云田项目区 2016 年实施方案	通过甘肃省水利厅审查	2016.1
79	国家农业综合开发水土保持项目漳县太西沟项目区 2016 年实施方案	通过甘肃省水利厅审查	2016.1
80	国家农业综合开发水土保持项目甘谷县魏家河项目区 2016 年实施方案	通过甘肃省水利厅审查	2016.1
81	甘肃岷县池那湾小流域水土保持综合治理工程初步设计报告	通过甘肃省水利厅审查	2016.1

第六节　水土保持方案编制、监测、监理及其他咨询服务

　　1999 ~ 2015 年，编制或与其他单位协作编制水土保持方案报告书共计 67 项，按建设类别分为公路建设项目 15 项、火电项目 1 项、水利水电枢纽工程 10 项、矿山工程项目 40 项、土地整治工程项目 1 项。其中通过水利部审查的 3 项，通过省级审查的 19 项，通过市级审查的 9 项，其他的通过县级水土保持局审查。水土保持方案报告书编制一览表见表 4-5。

　　2005 ~ 2015 年，承担全国水土流失动态监测与公告项目安家沟典型小流域监测（每年给水利部上报监测成果）、国家农业综合开发水土保持项目甘肃省重点监测、国家水土保持重点建设甘肃省通渭县牛谷河监测等 30 余项。水土保持监测项目一览表见表 4-6。

　　2014 ~ 2015 年，利用技术优势，采取协作形式从事水土保持工程监理工作，两年中共完成水土保持监理 9 项。协作完成水土保持监理项目一览表见表 4-7。

　　2005 ~ 2006 年，完成安家沟流域生态经济扶贫工程设计报告、安定区梁子坪生态示范区节水改建工程初步设计等其他设计工作 9 项。其他设计项目一览表见表 4-8。

表 4-5　水土保持方案报告书编制一览表

序号	项目名称	时间 （年·月）	审查情况
一	**公路建设项目**		
1	定西至陇西二级公路新建工程水土保持方案报告书	2002.1	通过定西地区水土保持工作总站审查
2	国道 212 线木寨岭隧道及引线工程水土保持方案报告书	2002.7	通过定西地区水土保持工作总站审查
3	青海省循化至同仁公路建设水土保持方案报告书	2002.8	通过青海省水土保持局审查
4	青海省察汉诺至德令哈段公路建设水土保持方案报告书	2002.8	通过青海省水土保持局审查

续表 4-5

序号	项目名称	时间（年·月）	审查情况
5	青海省境内扁都口至大通段公路建设水土保持方案报告书	2002.8	通过青海省水土保持局审查
6	格尔木至老茫崖段公路改扩建工程水土保持方案报告书	2002.12	通过青海省水土保持局审查
7	岗子口—珠固—青石嘴段公路改扩建工程水土保持方案报告书	2002.12	通过青海省水土保持局审查
8	深圳市外环公路水土保持方案报告书	2006.11	通过水利部水土保持监测中心审查
9	二广高速公路粤境连州三水至怀集怀城段工程水土保持方案报告书	2008.11	通过水利部水土保持监测中心审查
10	尕秀至玛曲公路工程水土保持方案报告书	2010.4	通过甘肃省水土保持局审查
11	省道 313 线郎木寺至玛曲公路工程水土保持方案报告书	2010.4	通过甘肃省水土保持局审查
12	S311 线冶峡隧道及接线工程水土保持方案报告书	2010.4	通过甘肃省水土保持局审查
13	哈尔钦至青海久治黄河桥水土保持方案报告书	2010.4	通过甘肃省水土保持局审查
14	国道 G570 金昌（下四分）至永昌及省道 S212 线红沙岗至下四分一级公路改建工程水土保持方案报告书	2014.11	通过甘肃省水土保持局审查
15	临夏州（折桥镇）至定西市（红旗乡）二级公路工程水土保持方案报告书	2015.3	通过甘肃省水土保持局审查
二	**火电项目**		
1	国电电力大同第二发电厂三期扩建工程水土保持方案大纲及报告书	2003.8	通过水利部水土保持监测中心审查
三	**水利水电枢纽工程**		
1	岷县冰桥湾水电站工程水土保持方案大纲及报告书	2003.8	通过定西地区水土保持工作总站审查
2	岷县坎峰水电站工程水土保持方案大纲及报告书	2003.11	通过定西地区水土保持工作总站审查
3	岷县龙王台水电站工程水土保持方案大纲及报告书	2004.1	通过定西市水土保持局审查

续表 4-5

序号	项目名称	时间 （年·月）	审查情况
4	青海省互助县青加定水电站工程水土保持方案报告书	2005.6	通过青海省水土保持局审查
5	青海省互助县青岗峡水电站工程水土保持方案报告书	2005.7	通过青海省水土保持局审查
6	青海省互助县筏子湾水电站工程水土保持方案报告书	2005.12	通过青海省水土保持局审查
7	临洮县油磨滩水电站扩机工程水土保持方案报告书	2007.9	通过定西市水土保持局审查
8	甘肃省临洮县洮阳镇洮坪水电站工程水土保持方案报告书	2008.6	通过定西市水土保持局审查
9	通渭段家峡水库水土保持方案报告书	2015.9	
10	通渭县宋堡水库工程水土保持方案报告书	2015.11	通过定西市水土保持局审查
四	矿山工程项目		
1	甘肃省岷县鹿峰金矿 300 t/d 扩建水土保持方案报告书	2000.9	通过定西地区水土保持工作总站审查
2	陇西西街新胜建材厂水土保持方案报告书	2008.1	通过陇西县水土保持局审查
3	陇西县通安砖瓦厂水土保持方案报告书	2008.1	通过陇西县水土保持局审查
4	陇西县首阳镇石家磨太平建材厂水土保持方案报告书	2008.1	通过陇西县水土保持局审查
5	陇西县云田镇雷家咀砖瓦厂水土保持方案报告书	2008.1	通过陇西县水土保持局审查
6	陇西县三台第二建材厂水土保持方案报告书	2008.1	通过陇西县水土保持局审查
7	陇西县巩昌镇东巷建材厂水土保持方案报告书	2008.1	通过陇西县水土保持局审查
8	陇西县龙州建材有限责任公司三台砖瓦厂水土保持方案报告书	2008.7	通过陇西县水土保持局审查
9	陇西县首阳镇三十铺砖瓦厂工程水土保持方案报告书	2008.7	通过陇西县水土保持局审查
10	陇西县宏伟石料有限责任公司花岗岩矿工程水土保持方案报告书	2008.7	通过陇西县水土保持局审查

续表 4-5

序号	项目名称	时间（年·月）	审查情况
11	陇西县巩昌十里铺砖瓦厂工程水土保持方案报告书	2008.7	通过陇西县水土保持局审查
12	陇西县云田建材厂工程水土保持方案报告书	2008.7	通过陇西县水土保持局审查
13	岷县刘家浪水电站扩机（5#）工程水土保持方案报告书	2008.11	通过定西市水土保持局审查
14	陇西县东铺建材厂水土保持方案报告书	2009.8	通过陇西县水土保持局审查
15	陇西县李家营建材厂水土保持方案报告书	2009.8	通过陇西县水土保持局审查
16	陇西县海兴建材有限责任公司砖瓦厂水土保持方案报告书	2009.8	通过陇西县水土保持局审查
17	陇西县金来纳建材厂水土保持方案报告书	2009.8	通过陇西县水土保持局审查
18	陇西县兴生建材厂水土保持方案报告书	2009.8	通过陇西县水土保持局审查
19	陇西县首阳镇砖瓦厂水土保持方案报告书	2009.8	通过陇西县水土保持局审查
20	陇西县云田唐家寺建材厂水土保持方案报告书	2009.12	通过陇西县水土保持局审查
21	陇西县渭河建材厂水土保持方案报告书	2009.12	通过陇西县水土保持局审查
22	陇西县成兴建材厂水土保持方案报告书	2009.12	通过陇西县水土保持局审查
23	陇西县西街砖瓦厂水土保持方案报告书	2009.12	通过陇西县水土保持局审查
24	陇西县孙坪建材厂水土保持方案报告书	2009.12	通过陇西县水土保持局审查
25	甘肃祁连山股份有限公司漳县 3 000 t/d 新型干法水泥生产线工程水土保持方案报告书	2010.4	通过甘肃省水土保持局审查
26	陇西县红星建材厂水土保持方案报告书	2010.8	通过陇西县水土保持局审查
27	陇西县东街新型建材厂水土保持方案报告书	2010.8	通过陇西县水土保持局审查

续表 4-5

序号	项目名称	时间 (年·月)	审查情况
28	陇西县渭阳乡花园建材厂水土保持方案报告书	2010.8	通过陇西县水土保持局审查
29	陇西县建伟建材厂水土保持方案报告书	2010.8	通过陇西县水土保持局审查
30	陇西县陶家门砂石料厂水土保持方案报告书	2010.8	通过陇西县水土保持局审查
31	陇西县金正源采砂厂水土保持方案报告书	2010.8	通过陇西县水土保持局审查
32	陇西县东巷砖瓦厂水土保持方案报告书	2011.1	通过陇西县水土保持局审查
33	陇西县巩昌镇西街村建材厂水土保持方案报告书	2011.1	通过陇西县水土保持局审查
34	陇西县南安建材厂水土保持方案报告书	2011.1	通过陇西县水土保持局审查
35	陇西县福星建材厂水土保持方案报告书	2011.1	通过陇西县水土保持局审查
36	陇西国兵建材厂水土保持方案报告书	2011.1	通过陇西县水土保持局审查
37	陇西县想晟建材厂水土保持方案报告书	2012.4	通过陇西县水土保持局审查
38	甘肃祁连山水泥有限公司漳县新型干法水泥生产线工程（4 500 t/d）水土保持方案报告书	2014.9	通过甘肃省水土保持局审查
39	甘谷水泥厂3 000 t/d新型干法水泥生产线工程水土保持方案报告书	2015.9	通过甘肃省水土保持局审查
40	陕西榆林10万t聚氯乙烯工程水土保持方案大纲及报告书	2004.9	通过陕西省水利厅审查
五	**土地整治工程项目**		
1	东乡族自治县坪庄沟上游综合整治与开发水土保持方案报告书	2015.8	通过东乡县水土保持局审查

表 4-6　水土保持监测项目一览表

序号	项目名称	时间 (年·月)	开展情况
1	全国水土流失动态监测与公告项目安家沟典型小流域2005年监测成果	2005.12	上报水利部
2	国家水土保持重点建设甘肃省通渭县牛谷河监测设计报告	2008.1	通过甘肃省水利厅验收

续表 4-6

序号	项目名称	时间 （年·月）	开展情况
3	全国水土流失动态监测与公告项目安家沟典型小流域 2011 年监测成果	2011.12	上报水利部
4	全国水土流失动态监测与公告项目安家沟典型小流域 2012 年监测成果	2012.12	上报水利部
5	国家农业综合开发水土保持项目甘肃省重点监测 2013～2015 年实施方案	2012.11	通过甘肃省水利厅验收
6	国家水土保持重点建设工程甘肃省陇西县宏齐项目区监测	2012.12	通过甘肃省水利厅验收
7	岷县 330 kV 送电工程水土保持监测	2013.2	通过甘肃省水利厅验收
8	甘肃临洮杨家河二级水电站工程水土保持监测	2013.1	在监测实施中
9	水土流失动态监测与公告项目安家沟典型小流域 2013 年监测成果	2013.12	上报水利部
10	国家农业综合开发水土保持项目重点监测 2014 年实施方案	2014.5	完成上报年度监测成果
11	甘肃省岷县、漳县 6.6 级地震灾后恢复重建陇西县菜子镇水土保持田间道路工程监测	2014.5	通过陇西县发改局验收
12	全国坡耕地水土流失综合治理试点工程陇西锦屏项目水土保持监测	2014.6	通过甘肃省水利厅验收
13	2013 年中央预算内投资项目甘肃省陇西县高台山流域水土保持综合治理工程水土保持监测	2014.7	通过甘肃省水利厅验收
14	国家农业综合开发水土保持项目甘肃省渭源县天池项目 2015 年水土保持监测	2014.7	通过甘肃省水利厅验收
15	岷县龙望台水电站工程水土保持监测	2014.7	通过定西市水土保持局验收
16	岷县力源水电站刘家浪水电站 5# 扩机工程水土保持监测	2014.7	通过定西市水土保持局验收
17	国家水土保持重点建设工程甘肃省陇西县云田项目区 2013 年水土保持监测	2014.9	通过甘肃省水利厅验收
18	甘肃省定西市安家沟小流域 2014 年水土流失监测	2015.1	上报水利部
19	甘肃省定西市龙滩径流场 2014 年水土保持监测	2015.1	上报水利部
20	全国坡耕地水土流失综合治理试点工程陇西县阳山项目区 2014 年建设工程监测	2015.9	通过甘肃省水利厅验收

续表 4-6

序号	项目名称	时间(年·月)	开展情况
21	国家水土保持重点建设工程甘肃省陇西县云田项目区2014年水土保持监测	2015.9	通过甘肃省水利厅验收
22	定西市2014年中央预算内投资项目陇西县刘家掌流域水土保持综合治理工程监测	2015.9	通过甘肃省水利厅验收
23	国家农业综合开发水土保持项目漳县太西沟项目区2014年实施工程水土保持监测	2015.9	通过甘肃省水利厅验收
24	甘肃省岷县漳县6.6级地震灾后恢复重建漳县水土保持小型拦蓄工程监测	2015.9	通过甘肃省水利厅验收
25	甘肃省岷县漳县6.6级地震灾后恢复重建岷县茶埠镇耳阳沟流域水土保持工程监测	2015.9	通过甘肃省水利厅验收
26	甘肃省岷县漳县6.6级地震灾后恢复重建岷县梅川镇红水沟流域水土保持工程监测	2015.9	通过甘肃省水利厅验收
27	甘肃省岷县漳县6.6级地震灾后恢复重建岷县梅川镇马家沟流域水土保持工程监测	2015.9	通过甘肃省水利厅验收
28	甘肃省岷县漳县6.6级地震灾后恢复重建岷县茶埠镇将台沟流域水土保持工程监测	2015.9	通过甘肃省水利厅验收
29	甘肃省岷县漳县6.6级地震灾后恢复重建岷县禾驮乡随固流域水土保持工程监测	2015.9	通过甘肃省水利厅验收
30	全国水土流失动态监测与公告项目安家沟典型小流域2015年监测成果	2016.1	上报水利部

表 4-7　协作完成水土保持监理项目一览表

序号	项目名称	监理单位	时间(年·月)	开展情况
1	甘肃省岷县、漳县6.6级地震灾后恢复重建陇西县菜子镇水土保持田间道路工程监理	协作	2014.1	通过陇西县发展和改革局验收
2	2013年中央预算内投资项目甘肃省陇西县高台山流域水土保持综合治理工程监理	协作	2014.7	通过甘肃省水利厅验收
3	全国坡耕地水土流失综合治理试点工程陇西县阳山项目区2014年实施工程监理	广东河海工程咨询有限公司甘肃分公司	2015.9	通过甘肃省水利厅验收
4	定西市2014年中央预算内投资项目陇西县刘家掌流域水土保持综合治理工程监理	协作	2015.9	通过甘肃省水利厅验收

续表 4-7

序号	项目名称	监理单位	时间（年·月）	开展情况
5	国家农业综合开发水土保持项目漳县太西沟项目区2014年实施工程监理	广东河海工程咨询有限公司甘肃分公司	2015.9	通过甘肃省水利厅验收
6	陇西县2014年重点退耕还林地区基本口粮田建设项目	广东河海工程咨询有限公司甘肃分公司	2015.9	正在实施中
7	全国坡耕地水土流失综合治理试点工程通渭县北城项目区2014年实施工程监理	广东河海工程咨询有限公司甘肃分公司	2015.9	通过甘肃省水利厅验收
8	全国坡耕地水土流失综合治理试点工程陇西县元头坪项目区2015年实施工程监理	广东河海工程咨询有限公司甘肃分公司	2015.10	正在实施中
9	定西市2015年中央预算内投资项目陇西县苟家沟流域水土保持综合治理	广东河海工程咨询有限公司甘肃分公司	2015.12	正在实施中

表 4-8　其他设计项目一览表

序号	项目名称	审查	报批时间（年·月）	实施情况	目前运行管理情况
1	安家沟流域生态经济扶贫工程设计报告	通过甘肃省水利厅审查	2005.5	已实施	良好
2	定西市安定区梁子坪生态示范节水改建工程	通过甘肃省水利厅审查	2005.5	已实施	良好
3	安家坡集雨节灌工程	通过甘肃省水利厅审查	2005.5	已实施	良好
4	安定区梁子坪生态示范区节水改建工程初步设计	通过甘肃省水利厅审查	2005.5	已实施	良好
5	定西市安家沟示范区节水灌溉工程初步设计报告	通过甘肃省水利厅审查	2005.5	已实施	良好
6	甘肃省临洮县洮阳镇魏家小庄排洪渠工程初步设计	通过甘肃省水利厅审查	2005.9	已实施	良好
7	定西市香泉镇大庄井灌区灌溉工程初步设计	通过甘肃省水利厅审查	2006.5	已实施	良好
8	定西市马家岔节水灌溉工程初步设计	通过甘肃省水利厅审查	2006.5	已实施	良好
9	定西市安家沟出口段护岸工程初步设计	通过甘肃省水利厅审查	2006.5	已实施	良好

第五章 未来・展望

一、团结协作、民主务实的领导班子带领定西市水土保持科学研究队伍正在实现新的跨越

新老党员一起面向党旗庄严宣誓，重温入党誓言

定西市水保科研所召开领导班子"三严三实"专题民主生活会

二、踏实正派、活泼进取的干部队伍在生态立市、精准脱贫的主战场上创造新的辉煌

参加迎"国庆"市直机关党员干部篮球比赛

举办迎"国庆"职工运动会

健体登山活动

技术干部赴京参加软件培训

参加集体劳动

科技人员赴岷县灾区开展野外调查

三、造福社会、关爱职工的软实力为战斗在水保一线的员工提供正能量

定西市水保科研所在通渭县榜罗镇张川村捐助建成核桃试验示范基地 100 余亩。

核桃基地　　　　　　定西市水保科研所全体职工向通渭县
榜罗镇张川村"农家书屋"捐赠图书

慰问退休老干部

四、定西市水土保持科学研究所发展展望

建设高水平研究机构
为全市水土保持工作提供智力支持

——定西市水土保持科学研究所发展展望

水土资源是人类赖以生存和发展的根本物质基础。由于我国特殊的自然地理和气候条件，众多的人口以及长期的开发利用，特别是随着现代化、城镇化、工业化的快速发展以及大规模频繁的生产建设项目，地表和植被不断遭受扰动，严重的水土流失导致水土资源破坏，生态环境恶化，自然灾害频发，严重制约经济社会可持续发展。

定西市是甘肃中部的经济、政治、文化和交通中心，同时又是全省水土流失最严重的地区之一。新中国成立后特别是改革开放以来，坚持不懈地开展生产条件、生态环境的综合治理和扶贫攻坚，生态环境得到了很大的改善，但就整个生态系统而言，还十分脆弱，抗逆性还很差。同时，人为造成的水土流失和对生态环境的破坏，仍在加速。

在这个历史条件下，建设和保护生态系统的矛盾就显得非常突出，如何在目前这样新的大规模的建设时期，解决破坏与保护、监督与治理等的矛盾，作为定西唯一的水土保持科学研究所，任务非常艰巨，将面临新的水土保持试验研究的内容和课题。我们确立的总体奋斗目标是：单位的发展和社会经济的发展相结合；重点突破、长远目标和近期目标相结合；面向实际，理论研究与生产实践相结合；注重成效，实用技术开发与高新技术应用并举；提高科技人员研究水平与提高全体职工整体素质相结合。通过我们的共同努力，到2020年把定西市水土保持科学研究所建设成为集水土保持科研试验、技术推广、技术服务、科技咨询与培训示范为一体的高水平的水土保持科学研究机构，坚持以科学发展观为统领，以"严谨、求是、高效、创新"为准则、以"开放、流动、竞争、协作"的运行机制为纽带，探索出一条"项目""基地""人才"一体化建设的水土保持科学研究新模式，为定西乃至全省的水土保持生态环境建设做出更大的贡献。

一、科研发展

（一）建设定西市水土保持科技示范园区

以安定区安家沟流域为园区基地，辐射到定西市周边县区不同水土流失类型区，在不同地质地貌类型区设立科技示范推广及科普教育园区。

（二）建设黄土高原丘陵沟壑区野外试验研究基地

在黄土高原丘陵沟壑区水土保持野外研究基地内进行水土流失基础研究。试验基地建成以后，除对常规水土流失进行常规监测研究外，还将对黄土高原水土流失过程、影响因素、植被条件、土壤理化性质等进行深入研究。

（三）建设定西市水土保持信息数据库

整理完成多年积累的水土保持项目前期工作、综合治理、预防监督、科研、监测、监理以及水资源等资料的汇总、整编和入库等，能为全市水土保持生态环境建设提供可靠、稳定的数据库保障。

（四）开展一系列科研活动

围绕当前经济社会建设的需要确立科研项目。2015～2020年，要开展的科研项目主要如下：

（1）继续进行黄土高原丘陵沟壑区生态综合整治技术模式的研究工作。

（2）开展"渭水源生态系统的演变、发展趋势及恢复技术模式研究""小城镇建设工程雨水利用技术研究""定西黄土丘陵沟壑区开发建设项目水土流失规律、防治措施及效益研究"等三个科研项目的研究。

（3）争取在退化生态系统修复研究与技术研发等方面取得突破，进一步加强水土保持优良植物的引种选育，早日培育出实用性强、投入少、成本低、见效快的优良植物。

（4）面向经济社会建设主战场，在水土保持监测、水土保持方案编制、水土保持工程设计、水土保持项目评估、水土保持管理等方面立项研究，为社会提供具有使用价值的科研成果。

（五）科研、教育及协作

与大专院校和科研单位的合作是一项长期的中心工作，主要做以下两个方面的工作：

（1）继续保持与现有协作单位的关系。目前我所已与中国科学院生态环境研究中心、兰州大学、甘肃农业大学、甘肃省林业科学研究院、甘肃省农业科学院、甘肃林业职业技术学院等建立了协作关系。

（2）积极争取更多与大专院校和科研单位的项目协作工作。我们不仅为协作单位提供研究基地和场地，而且要使我所科技人员积极参与到协作项目当中，通过协作项目学习新理念、新方法，提高业务水平，并且获得一定成果。

（3）围绕水土保持科学技术的发展，有组织地积极参加学术研讨会，通过广泛交流，与省内乃至全国范围内广大科研院所建立技术攻关、人才培养成果转化等方面的合作关系。

二、基地建设

未来5年，在现有基地及设施的基础上，合理利用我所土地时间和空间，大规模扩大我所科研基地及设施范围，提高数量及质量，最终建成集科学研究、示范推广、教学科普为一体的定西市水土保持科技综合示范园区。

规划园区的基本功能：园区搭建监测、试验、示范、展示、教育、宣传科学平台，建立水土保持科学试验基地，以进行水土流失各种试验。园区将建设水土流失室内模拟大厅、土壤与生态分析实验室、水土流失数字化实验室、壤中流观测试验小区、自动监控设施、人工增雨设施、坡面防护试验小区、节水灌溉设施、废弃矿山恢复治理试验示范，并兴建科普馆及科普走廊等。

规划园区的教育功能：园区设置的水保科普馆和水土保持科普走廊，将详细介绍定西市的水土保持发展史和当前水土保持工作的新内容、新技术，充分运用水土保持科教场所，展示水土流失和水土保持知识，配置全区水土保持简介牌和园区不同展示区域宣传牌。开展面向社会公众和广大青少年的科普教育实践活动，吸引中小学生和社会各界人士前来参观学习。

规划园区管理：监测站对园区建设和日常运行实行站长负责制，负责园区水土保持监测和日常工作，配合监测工作和对园区水保设施进行检查、监督、看护、管理和维修，确保园区水土保持工程和水土保持设施的完好无损，并明确责任、落实到人、制定制度、挂牌上墙，建立健全完备的园区管理机构。

三、人才发展

（一）人才建设指导思想

以邓小平理论和"三个代表"重要思想为指导，牢固树立和全面落实科学发展观，深入贯彻全国人才工作会议精神和"科学技术是第一生产力""人才资源是第一资源"的思想，紧紧围绕经济建设中心，围绕"十三五"规划的实施，坚持科教兴市与人才强市、可持续发展战略，坚持以人为本，坚持党管人才，遵循人才成长规律，以人才资源能力建设为重点，以机制和政策创新为动力，抓住培养、吸引、用好人才三个环节，壮大人才队伍，激发人才活力，提升人才能力，大力营造人才辈出、人尽其才的良好环境，充分发挥人才在水土保持科学研究事业中的主导和推动作用。

（二）人才队伍发展目标

培养造就一支与水保科研和科技服务事业相适应的、规模适中、素质明显提高、结构逐步优化的人才队伍，努力把我所建成为全市水土保持科技与水土保持科技管理的人才高地。到 2020 年，我所在人才结构及高学历、高素质人才数量上有大的突破，引进或培养硕士达到 11 人、本科以上学历达到 30 人。

（三）人才建设主要任务

未来 5 年，我所人才发展工作的重点任务是建设三支队伍：一是培养一批能够适应并保障全所快速发展所需要的管理人才队伍。二是培养一批为水土保持工程和生态环境建设工程提供规划设计、咨询服务、建设监理、水土保持监测的工程技术人才队伍。三是培养一批能够适应并推进我所水土保持科学研究事业发展的高、中层次的科研人才队伍。

构建黄河上游生态屏障　保护渭水源头水土资源

——渭河源区生态保护与综合治理展望

渭河是黄河流域的第一大支流，流经甘肃、陕西、山西三省，是沿线重要的生产生活用水水源。定西渭河源区是渭河重要的生态屏障和水源涵养补给区，具有不可替代的高原湿地水源涵养功能和重要的水土保持功能。但是，由于特殊的地形地貌、气候和人类不合理活动等原因，渭河源区生态环境脆弱，自然灾害频繁，水土流失严重。实施甘肃定西渭河源区生态保护与综合治理，对构建黄河上游生态屏障，缓解渭河源区生态恶化及流域水资源不足，提升水源涵养能力，减轻渭河中下游河道泥沙淤积，遏制水污染，实现水土资源可持续利用和国民经济安全具有极为重要的意义。

一、渭河源区生态保护和治理的基本原则

（1）保护优先，协调发展。遵循自然规律，严格生态保护与修复，充分发挥生态系统的自我修复能力，合理利用自然资源，持续改善生态环境，促进区域人口、资源、环境协调发展。

（2）统筹规划，综合治理。依托现有工程，加强资源整合，协调推进各生态系统的保护和建设，坚持工程措施与非工程措施相结合，生物措施与工程治理相结合，因地制宜，优化利用资源，发展经济，实施综合治理。

（3）分区施策，突出重点。根据不同区域的自然条件，因地制宜，因害设防，科学确定建设目标与措施，突出重点，分步推进综合治理。

（4）政府主导，社会参与。加强政策引导，综合运用法律、经济、技术、行政等手段，调动社会各界参与综合治理的积极性，形成政府主导、社会参与的良好机制。

（5）科学防治，加强合作。加强综合治理关键技术的研发、引进、集成与推广，尊重市场经济规律、坚持互惠互利，加强国际、国内、区域、流域间生态保护与建设的交流合作。

二、渭河源区生态保护和治理的目标措施

到 2020 年，基本建成比较完善的山洪地质灾害监测预报预警体系和群测群防体系，区域内防灾减灾能力明显增强；水土流失恶化的趋势得到有效遏制，水土流失治理程度达到 70%；森林覆盖率由 13.6% 提高到 22.6%，林草植被覆盖度由 26.57% 提高到 39.63%；区域内基本实现梯田化，土地利用率提高到 80% 以上，农业综合生产能力稳步提高，农业与农村产业结构不断优化，草食畜牧业和特色产业得到发展，农牧民收入水平显著增加，实现区域生态、经济、社会协调可持续发展。

重点突出以下五个方面的措施：

一是加强水源地保护。增强水源涵养能力，控制河流源头水土流失，调节洪水枯水流量，改善水文状况，调节区域水分循环，防止河流水库淤塞，改善供水条件，解决居民饮水安全问题。二是开展植被保护与建设。切实加强生态环境综合治理，重点开展森林、草原和湿地生态系统保护与建设。加强森林草原防火、有害生物防治、自然保护区基础设施建设，保护生物多样性，开展生态监测。大力开展人工造林，发展特色农林产业。严格封禁管护，采取居民搬迁、农村新能源建设等植被保护配套措施，加大生态修复力度。转变畜牧业生产方式，加快畜种结构调整，大力发展标准化规模养殖。三是加强水土保持。加快推进以坡改梯建设、滩涂地整治、沟道工程为主的水土保持综合治理，沟坡兼治，工程措施、植物措施和保土耕作措施相结合，改变农村生产条件，建设水土保持综合防治体系，最大限度地拦蓄径流，控制泥沙下泄。四是加强山洪地质灾害防治。增强山洪地质灾害综合防治能力，开展避让搬迁和泥石流工程治理。建设天气雷达观测系统、地面气象观测系统、农村气象灾害预警信息发布系统、人工影响天气能力、气象灾害防御系统建设。五是加快中小河流治理。对重要中小河流重点河段新修、加固护岸和堤防，整治河道，建设排涝工程，提高综合防洪能力。建立与完善区域水资源综合利用体系。

三、渭河源区生态保护和治理建设内容

（一）水源地保护工程

为控制区域内河流源头的水土流失，调节洪水枯水流量，涵养水源，改善水文状况，调节区域水分循环，防止河流、湖泊、水库淤塞，以及保护可饮用水水源等，规划在区域内河川上游的水源地区和水库周边地区布设以水源涵养林为主的水源地保护工程，在重要水源地外围设置保护围栏，在中小河流源头区域设置生态滚水堰，在浅水区域种植水生生物，拦截入河入库泥沙及各种污染物，改善水生生态环境。以通渭县锦屏水库、渭源县峡口水库、岷县狼渡滩湿地保护区等为重点区域，主要措施为：新建防护林 21 168 hm^2，保护围栏 113 km，生态滚水堰 45 处，水生植物 9 485 hm^2。

（二）植被保护与建设工程

1. 人工造林

根据区域实际情况，按照适地适树的原则，大力实施人工造林，主要包括乔木林、乔灌混交林、灌木林、灌草混交、经济林等。乔木林主要布设为山区和丘陵区的水源涵养林、速生林、沟底防冲林、水土保持林，以及河谷川地农田防护林和四旁绿化林等，树种主要选择云杉、落叶松、刺槐等；灌木林主要布设在荒山荒坡和较为陡峭的支毛沟沟岸，树种以沙棘、柠条为主；经济林主要布设在渭源丘四区和丘五区、陇西县、通渭县、漳县丘三区等具有一定水源条件，距离居民点较近的退耕地上，树种主要选择文冠果、苹果、核桃、大果沙棘、山杏等。

2. 植被保护

植被保护以生态修复为主，主要包括天然林保护、疏林地改造、草场改良、休牧轮牧等。天然林保护工程主要在漳县、渭源、岷县、陇西、通渭等县的天然次生林；疏林地改造主要是在除岷县外，其他各县（区）存在的大量疏林地，特别是陇西、漳县和渭源等地；草场改良主要在漳县、岷县、渭源等县的土石山区和亚高山草甸区的天然退化草场；休牧轮牧主要在岷县、通渭、漳县等县的畜牧业较发达区，对天然草场破坏比较严重，完全禁牧将影响当地农村经济发展的区域，实行休牧轮牧，使草原得以休养生息。

（三）水土保持工程

1. 坡耕地及低产田改造

以坡改梯和河滩地整治为主。对于25°以下满足坡改梯条件的坡耕地修建水平梯田；对于15°以下土层较薄不满足坡改梯条件的坡耕地进行保土耕作；对15°以上不满足坡改梯条件和25°以上的坡耕地退耕还林还草。对新增优质基本农田配套建设田间道路，道路宽度3.5～4.5 m，路面为土路面。

2. 沟道治理工程

主要以拦截泥沙，抬高侵蚀基准面，减缓沟道纵坡，减轻区域沟道侵蚀为目的。通过淤地造田，为退耕还林（草）创造条件。建设沟道控制性工程，通过削峰、减洪、错峰，调节径流，解决干旱缺水，保障当地和中下游防洪安全。

3. 小型蓄水保土工程

小型蓄水保土工程主要包括沟头防护、谷坊、集雨水窖等。沟头防护主要是通过工程措施或生物措施，拦截沟头上游径流，有效防治由于径流冲刷造成的沟头延伸。谷坊建设可以有效抬高冲沟上游的侵蚀基准面，稳定沟坡，制止沟底下切和沟岸扩张。水窖布置在引洮工程供水范围之外，可以拦蓄天然径流，解决山丘区人畜用水及生产用水，缓解干旱地区水资源严重缺乏问题。

（四）防灾减灾工程

各级政府高度重视区域内防灾减灾工作，尤其是 2012 年 "5·10" 岷县特大冰雹山洪泥石流灾害发生以来，各级政府更加高度重视此项工作，并取得了一定的成效。但由于区域内自然灾害分布范围广、发生频率高、危害程度大，特别是位于西秦岭山地北部的岷县、漳县和渭源县南部，地貌以石质中高山地为主，境内岩体破碎，褶皱断裂，垂直高差大，节理发育，以山洪、泥石流、滑坡等为主的自然灾害频发。为达到防灾减灾效果，规划主要安排易灾地区避险搬迁、预警预报体系建设和泥石流治理工程。

（五）中小河流治理工程

区域内渭河主要支流长约 740 km，包括莲峰河、秦祁河、大咸河、漳河、龙川河、榜沙河、散渡河、葫芦河等。根据规划区中小河流存在的实际问题，结合《全国中小河流治理和病险水库除险加固、山洪地质灾害防御和综合治理总体规划》，对流域面积 200 ～ 3 000 km² 的渭河 15 条主要支流，规划重点建设项目 19 个。

第六章 岁月·回眸

我与定西水土保持科学研究所

中国科学院生态环境研究中心　陈利顶

初识定西水土保持科学研究所：惊奇到惊喜

　　初次接触定西水土保持科学研究所是在 2002 年。当时因为与甘肃省林业科学研究所联合申报国家"十五"科技攻关项目，需要开展野外科研基地和试验示范区建设，我与甘肃省林业科学研究所有关领导一同访问了定西地区水土保持科学研究所，主要目的是了解该所以前的工作基础和探讨下一步合作的可能性。在来定西水土保持科学研究所之前，我们已经先后实地考察了位于定西地区的高泉、李家河、九华沟、华家岭、官兴岔等前期工作开展较好的小流域。最后我们想重点考察一下定西地区水土保持科学研究所。初到水土保持科学研究所，还是有些出乎我的预料。尽管来之前已有思想准备，但门前一条泥泞不堪的道路还是给我留下了一个非常不好的印象，这使我感到惊奇：一个地区级事业单位的门前竟然与我国东部农村的门前环境差不多。进入研究所的办公场区，映入眼帘的是一个简陋到不能再简陋的办公楼和办公环境。我这才体会到基层科研人员的不容易，不仅办公环境比较艰苦，且随着市场经济引入给他们带来的生存环境也是朝不保夕。但在如此艰苦的条件下，定西水土保持科学研究所的科技人员还是坚持完成日常的野外监测和科研工作，在气象观测、土壤水分监测和地表径流监测方面几十年来一直没有停止过。

　　通过进一步了解，定西水土保持科学研究所除设有办公室外，还设置有科研推广室、规划设计院、节灌中心、工程公司、金棘公司几个办事机构，同时还有一个较为完善的资料室；当我们参观了定西水土保持科学研究所下属的气象观测站、径流观测小区和实验室后，一颗悬着的心顿时放松下来。令我感到惊喜的是，这样一个基层的科研单位居然在气象、野外监测、试验分析和档案管理方面做的井井有条，为我们下一步开展野外科研和试验示范区建设提供了基础条件。之前我们参观的几个小流域，虽然在常规监测研究方面具有较好的工作基础，但与定西水土保持科学研究所相比，还是具有较大差距。定西水土保持科学研究所不仅积累了十几年的径流小区观测数据、几十年的气象观测数据，同时还具备开展常规室内分析的实验室。最让我高兴的是，定西水土保持科学研究所工作场所、生活区与野外基地距离较近，为开展野外观测研究与示范提供了便利条件。同时，我还发现这里有一批热心于科研、踏踏实实工作的科技一线人员。在了解了这些情况以后，我们已经初步形成了一个想法，要与定西水土保持科学研究所一起合作，来完成我们的科技攻关项目。随后的合作一下子就持续了整整14年，其间我与定西水土保持科学研究所的几任领导不仅建立了深厚的友谊，也通过研究项目的深度合作，促进了我和我的团队的成长与发展。

科研：从协助到协作，再到合作

定西水土保持科学研究所与我们的合作，起初只是需要配合我们开展一些日常的定点监测工作，如：气象因子观测、径流小区监测、植物生理观测，以及流域尺度上土壤水分的定期测定。那时，定西水土保持科学研究所的任务就是在我们需要人手时，给我们提供及时的帮助。一开始我们的合作就得到了吴所长的大力支持，不仅安排了一个办公室主任直接参与单位之间的协调工作，还专门安排一个技术人员参加我们的野外调查与监测工作，从野外监测、科研到生活上均给予了积极配合。

这一期间，通过彼此合作，我对几点一直印象很深：第一，通过与所领导和科技人员接触，深深地感觉到他们对知识的渴望和对科研合作的向往。除工作有关事宜外，定西水土保持科学研究所领导还给我们提供了6间办公和住宿用房，同时还特意聘用了一个原单位下岗职工给我们做饭，既解决了我们野外科研办公问题，也解决了野外工作人员的日常饮食等生活问题。第二，虽然定西水土保持科学研究所是个基层科研单位，但这里的管理依然井井有条，当项目工作中出现一些问题需要协调时，总会及时地得到所领导的解决。第三，尽管在学术研究方面定西水土保持科学研究所的理论水平有所欠缺，但他们所积累的实践工作经验却是非常丰富的，许多时候我们的野外工作还需要向所里的科技人员进行咨询，他们在协助我的学生完成野外工作方面发挥了积极作用。第四，通过定西水土保持科学研究所资料室书籍收集和档案管理可以看出，这个研究所有着很好的科研底蕴和科研修养。第五，尽管定西水土保持科学研究所不大，加上后勤服务人员才有60余人，但科技人员的敬业精神深深打动了我；无论我们何时需要人手，何时需要帮助，研究所均会及时地给予安排和支持，他们均会全心全意地支持和配合我们的工作。

随着双方接触与交流的深入，我们与定西水土保持科学研究所的合作也在不断深化。起初，定西水土保持科学研究所一直作为协作单位，帮助我们安排一些野外的监测样地布置、技术示范工程的具体实施。经过几年合作，在申请"十一五"国家科技支撑计划项目时，定西水土保持科学研究所已经直接作为合作单位，参与到项目的策划、申请和实施方案的落实中。今年定西水土保持科学研究所作为合作单位之一，与我们共同申请了国家重点研发计划"典型脆弱生态修复与保护研究"专项项目。我们的合作也从以前的协作发展到合作。在我与定西水土保持科学研究所的合作中，深切体会到一个地方研究所的艰辛和不改初心的坚持，一批奋斗在基层一线的科技工作者追求真理的敬业精神，他们不畏艰难、任劳任怨、默默无闻，工作上兢兢业业、一丝不苟。我们在黄土高原的科研工作一直把定西水土保持科学研究所作为我们重要的合作伙伴，在发展科研同时，也在提升我们与定西水土保持科学研究所的合作关系。

印象定西水土保持科学研究所

长期以来，一直有人问我，对定西水土保持科学研究所的印象如何？其实，我的回答已经体现在我们两家合作关系的发展中。从起初的协助，到后来的自愿合作，充分说明了我对定西水土保持科学研究所的印象。我和定西水土保持科学研究所及其科技人员的接触，总体有以下印象：

（1）朴实无华的无私奉献。定西水土保持科学研究所正如分布在全国各地的基层单位一样，多年任劳任怨地工作在祖国大地上，为了我国水土保持事业，为了生态环境建设，在默默无闻地工作。

（2）持之以恒的工作操守。无论国内科研环境如何变化，无论遇到何种困难，定西水土保持科学研究所的领导和科技人员从未说过放弃。为了开展我国水土保持定点监测、积累第一手数据，他们一直在坚持着；为了建设美丽新中国，为了心中那个理想，他们一直在坚守着。正是因为有了这种坚持和坚守，大量宝贵的第一手数据才得以不断地积累下来。

（3）积极向上的乐观精神。通过我与定西水土保持科学研究所的接触，给我一个感觉就是生活在这里的人们非常幸福，他们的言行举止中，无不透露着轻松愉快的精神面貌。在20世纪初，我国的科研经费整体上十分短缺，定西水土保持科学研究所也不例外，尽管工资无法正常发放，但大家并没有过多抱怨，而是常为单位可以给大家分发瓜果蔬菜感到自豪。随着国家科研环境的逐渐好转，当我再去定西水土保持科学研究所调研时，听到的就是关于单位承担各种项目和任务的喜讯，在他们的脸上也时常透露出一种自豪的神气。

（4）轻松愉快的团队协作。无论是定西水土保持科学研究所领导，还是一线的基层科技人员，始终处于一种助人为乐的状态，与他们的合作，我们总是感到轻松愉快；和他们在一起，不仅仅可以得到科研方面的帮助，还可以得到生活上的大力支持。在我所接触的定西水土保持科学研究所人员中，总是见到一幅幅积极向上、团结互助的面貌。这是一个单位可以发展壮大的基本条件。

发展与壮大

随着科研工作的深入，我们的科研业务也在不断扩大。除继续进行甘肃定西地区的土壤水分监测、植物生理观测外，我的工作重心逐渐转移到中国东部地区城市与区域之间的相互作用关系研究。因工作重点转移，我来定西水土保持科学研究所的次数越来越少，但与定西水土保持科学研究所领导和朋友们之间的友谊与感情仍然持续着。我们团队仍然有几个成员在定西开展工作，从他们的谈话中，我感受到定西水土保持科学研究所的发展与壮大，她逐渐从一个基层的监测工作站发展到一个具有野外定点监测、水土保持工程设计、生态工程建设和技术研究的综合性科研单位，这其中凝聚了几代人的辛勤工作和汗水。无论如何发展，他们那种坚守大地、乐于奉献的情怀一直没有改变。我最近一次到访定西水土保持科学研究所是在2014年的夏天，为了建立一个长期的研究基地专程考察了位于定西地区的龙滩流域，仍然得到了所领导和科技人员的积极配合，并提出了很多建设性的意见。

直到2015年10月，定西市水土保持科学研究所被定西市政府划为公益一类事业单位，这是对一群坚守科研一线、默默耕耘奉献的科技人员的肯定与认可。我相信，在定西水土保持科学研究所领导和全体职工的努力奋斗下，定西水土保持科学研究所的明天会更加美好。值此定西水土保持科学研究所庆祝成立 60 周年之际，送上我最真挚的祝福，祝愿定西水土保持科学研究所在新的形势下，更上一层楼，为建设美丽中国、实现中国梦做出更大贡献。

六十载沧桑砥砺六十载春华秋实

甘肃农业大学林学院院长、教授 李广

定西市地处黄土高原丘陵沟壑区，素有"苦甲天下"之称。水土流失严重，水资源短缺，是长期制约当地经济社会健康发展的"瓶颈"。定西市水土保持科学研究所是国家水土保持监测网络综合典型监测站所在地，是甘肃省水土保持三大科研基地之一，通过长时间的连续观测，为黄土高原丘陵沟壑区的水土流失治理和生态环境建设提供了大量的科学数据。

定西市水土保持科学研究所积极与高等院校、科研院所开展多方面的科技合作与交流，在高新技术与传统的水土保持试验研究技术相结合方面取得了大批优秀的研究成果。同时，为建设项目水土保持工程规划、监测、水土保持方案编制等提供了大量的技术服务。

甘肃农业大学林学院在 2006 年与定西市水土保持科学研究所建立了合作关系，设立了教学科研基地。该基地的建设成为了校地联系的纽带，是深入贯彻落实科学发展观、走学校持续化发展道路的具体体现。通过这一平台，促进了水土保持高层次人才的培养和科学研究，促进了产、学、研相结合，进一步增强了我院的教育培养动力，补充了培养中的实践短板，为促进我院人才培养和科技创新做出了巨大贡献。自 2006 年建立定西市水土保持科学研究所教学科研基地以来，我校与贵单位开展了丰富多样的合作。

本科教育阶段，我院水土保持与荒漠化防治专业本科学生每年到基地针对《水土保持与荒漠化监测》《水土保持工程》《水土保持农牧措施》《开发建设项目水土保持》等课程开展专业实习，在基地的气象园内掌握各种气象观测仪器的使用方法，在径流小区内对乔木、灌木、草本、农地及撂荒地不同植被类型及不同坡度下的产流产沙进行实地观测，使学生深刻掌握不同植被类型对土壤的抗蚀性能的影响。通过实地操作和观测，极大地提高了学生的动手能力和分析问题的能力。同时，本科生还参观了解在水保所开展的其他合作项目，进一步开阔了学生的眼界，增加了学生对专业科学问题的求知欲，对水土保持工作有了更深刻的认识。每届均有数名水保专业的毕业生依托基地科研项目做毕业论文设计。迄今，已有600余名本科生到该基地学习，其中有多名学生因本科阶段到该基地实习后对水土保持监测工作产生深厚兴趣，通过单位招考，进入该单位工作，可见本科阶段在该实习基地的实习对学生产生了深远的影响。我院积极派遣研究生在该基地开展研究工作，先后有100余名研究生在该基地做试验，完成了硕士、博士论文的写作。

我校多名教师的科研项目依托该基地开展了相应的研究并取得了丰硕的科研成果，至2015年底，共获得省级科技进步二等奖2项，获定西市科技进步二等奖2项、三等奖2项，获甘肃省水利科技进步特等奖1项。获得水土保持监测实用新型专利1项，有多篇论文发表在国内高水平期刊上，如《定西市安定区植被覆盖与土壤侵蚀定量分析研究》《安家沟流域封禁措施对坡面径流和侵蚀规律影响研究》《黄土丘陵沟壑区不同植被减蚀、减流效应研究》《黄土丘陵沟壑区不同土地利用类型对坡地产流、产沙的影响》《基于SWAT模型的黄土高原典型区月径流模拟分析》《安家沟流域不同植物措施坡耕地的产流产沙特征》等，并有《甘肃省水土保持综合治理效益研究》等多部专著出版。近年来，我校加大对该教学科研基地的投入力度，不断有国家级项目落户基地，如国家自然基金项目《春小麦产量形成对干旱胁迫响应模拟及补灌调控》、《旱地小麦产量形成对气候变化的响应及其耕作措施调控》和《紫花苜蓿的生长和抗氧化过程对非水力根源信号的响应》等，形成了以项目促基地，以基地助项目的良性循环局面。

在定西市水土保持科学研究所建所60周年之际，我作为甘肃农业大学林学院的院长，就甘肃农业大学林学院与定西市水土保持科学研究所建立长期合作谈几点自己的看法：

一、统一思想，提高认识，切实增强责任感和使命感

设立教学科研基地，既是机遇，也是挑战。要充分认识这项工作的特殊性和重要性。做好这项工作，对于提升我院教育质量和科研水平及提高水保所的科研服务等具有重要意义。双方要共同努力、团结协作，

做到认识到位、措施到位、落实到位，要以高度的责任感和使命感，把合作做大做强。

二、加强基础建设，强化管理，努力提高教育教学质量

校地合作办学，属强强联合。但受地域差异、合作时间短的影响，还存在认识、教学方法、管理措施等方面的差异，这需要双方在实践中进一步磨合。要以开放的心态，互通有无，优化资源配置。要下大力气进行基础建设，要高标准、严要求，要逐步配足配齐必要的设施，为教育科研提供有力保障。

三、深入贯彻落实科学发展观，促进合作共赢

成功在于合作，合作共赢天下，我们愿在将来的工作中促进优势互补，努力把定西市水土保持科学研究所建设成为教师科研基地、学生培训基地及就业基地的综合体，形成校地之间互利双赢的局面。

六十载沧桑砥砺，六十载春华秋实。最后，再次感谢定西市水土保持科学研究所对甘肃农业大学林学院的大力支持和帮助！祝定西市水土保持科学研究所在今后的发展中再创辉煌！

二○一六年四月二十五日

艰难岁月中的定西水土保持试验站

定西地区水土保持试验站原站长、书记　马朴真

（一）

1956年9月，接到定西地委组织部通知，调我去定西地委报到。我不清楚这次去定西干什么工作，前一年定西地委秘书长王兴邦来临洮县委，当着我和韩得成的面问我，到定西地委去，你去不去？我还未开言，韩得成抢先我说，老马不愿去，对不对？韩又对王兴邦说："把我调去哟！"王兴邦说："就刻字的工作，你还没刻够吗？"又问我："你去不去？"我说："我的字刻得不好，就留在临洮吧！"当时我真的认为我的字确实不好看，差错很多。定西地委的文件刻得真好，我很羡慕，但是学不

上。临洮县委的文件原来主要由魏仲明刻印，韩得成比他刻得好，但比不上地委的好。这次去定西不管搞什么工作，是组织调动，我不能不去，因此我转了关系去定西地委组织部。组织部有个张科长说："史炳南你认识吗？"我说："认识。"张说："你是史局长要的，他现在是地区林业局局长，你去林业局报到，关系都带到林业局。"

见了史局长，他给我介绍了林业局的情况。林业局不到20人，有转业军人，有外地分来的大、中专学生，还有会计、出纳，有一个做饭的厨师。把我分到秘书组，负责人是刘兴亚。刘兴亚的夫人谭美霞是局里的出纳。他们俩的父亲都是民主人士，国民党时代当过官。在林业局我们就认识了北京林校毕业分来的李得贵、赵箴泉和南京林校毕业分来的张国伟，都很年轻，比我还小一两岁，但文化程度很高，工作也好。还有甘肃林校毕业分来的几个榆中中专生，我们相处得很融洽。

半年后到1957年，实行精简机构，定西地区把农林水牧合在一起称作定西专区农业基本建设局，地点设在定西地区水土保持推广站。林业局变成林业科，我们原班人到林业科，由史炳南负责。原来的定西地区水土保持推广站变成了水保科，由原来负责人乔凤翔负责。专署的农牧科合过来仍是农牧科，由原来负责人靖远县副县长魏养丰负责。原水利局合过来，成为农田水利科。原水利局局长梁兆鹏负责全盘工作，并管

水利科。合并后的农建局各科室负责人都是领导临时指定的，只有财务科科长李贵志是原水利局财务科长。合并后的农建局有职工一百多人，可谓是人才济济，大学生、中专生比比皆是，都是全国各省分配来的。不久全国整风运动开始了，《人民日报》《甘肃日报》不断登载整风文章，大鸣大放文章，各地方都开会动员鸣放，给党政领导提意见，把提出的意见重点登载在报上，引诱鸣放。正在热火朝天鸣放的时候，《文汇报》登载了《人民日报》社论《这是为什么？》，紧接着《人民日报》连续发表社论，对鸣放中的有些论调进行批判。党内传达毛主席写的社论，批判右派言论。农建局除少数人办理日常工作外，其余人员整天在会议室学习讨论。

反右整风开始，领导两天向地委汇报一次。梁兆鹏局长整天加班加点，又亲自写材料处理工作中的问题，又要领导局里整风，向地委汇报。有一天，梁兆鹏问水保试验站负责人宁庆："杨念模这些人有啥反映？"梁兆鹏说，宁庆在日本占领区当过工程师，对社会不满。事后梁亲自上山到试验站调查了一番，回来写报告，经地委批准把宁庆等人打成右派分子进行批判。运动搞的时间长了，右派分子也越来越多。把全局职工划分为战斗小组，对右派分子进行分组批判。每星期梁局长开一次大会总结一次。经过一两个月后，把划成右派的人放下去劳动，其余人员内部整风。

到 1957 年下半年，经过反右整风解放思想，甘肃省提出引洮上山工程。引洮上山工程主要渠线经过定西，所以以定西为主，勘察引洮渠线。梁局长率领水利技术人员去勘察。

梁兆鹏是渭源梁家坪人，新中国成立前梁家坪共产党地下党员特别多，所以把梁家坪叫"小北京"，梁兆鹏也是地下党员之一，新中国成立后担任过渭源县县委副书记，后调到定西地区水利局任局长。他人很谦虚，干一行爱一行，精通业务，求实精神很好，和下级同事关系融洽，能与各种性格的人和平共处，但很有原则性。任何事情能吃苦在前，使人信服，在农建局时经常和人事部干事胡佩贤、财务科长李贵志等人一起研究处理各种问题。李贵志爱看戏，是广东人，每天晚上和一个高级工程师刘家佐（四川人）到剧院去看戏，梁问李昨晚唱的什么戏，李说："不知道。""演的好不好？"他说："可以看。"梁局长笑李科长：好也看，不好也看；懂也看，不懂也看。梁写材料很快，字很潦草，但好认，经常叫我给他抄材料。有一次过春节，职工都去过年了，因为家属在定西，我没回老家去，梁局长加班写材料，写好后叫我抄，叫大师傅炒了菜送到我面前，并说：过年呢，太辛苦你了。我说：你比我们辛苦多了。梁说：不到万不得已，我才不这样加班呢。实际上加班加点是他的家常便饭。农建局的伙食办得很好，每顿饭有甲、乙、丙三个菜任你选择，甲菜质量最好，价也高，我们经常买乙菜或丙菜，梁局长大多时候是甲、乙两个菜和职工混在一起吃。"大跃进"开始时，省委书记张仲良讲了一次话，地委书记窦明海也迎合着讲了一通，都在《甘肃日报》上登载了，梁兆鹏看了之后说：这些领导夸夸其谈，言过其实，能办到吗？

正在反右整风时，家属来了，把女儿菊荣送到老家，办了转学关系到定西一中来上学。到了过春节的时候，妻子哭哭啼啼的，她想女儿，她说来定西之前把菊荣送到家来，临走前又去看了一次，还说："我真不想把她丢下我走。"我劝慰了一阵，说：放心吧，她爷爷奶奶会领好的。

（二）

到党内整风后期，梁兆鹏局长去了引洮工程，史炳南为定西地委组织部副部长。农建局剩下乔凤翔和魏养丰两个负责人。安家坡水土保持试验站负责人万夫哲犯了错误，被逮捕法办了。乔凤翔安排叫我去负责，我不愿去，我说我干不了。乔凤翔听了大发雷霆，批评我胆子小，命令我："今天就去，大胆干，解决不了的问题来请示，我支持你。"到了安家坡不久，黄河水利委员会召集会议。黄委召集的会多数时候在天水、西峰、绥德三站，加定西共四个站参加的会议，这次还是黄委的三站加定西站在太原开。会议开始参观了山西某站的水土保持治理经验，人工修梯田，坡地修平种的棉花丰收在望，沟坡造林，沟底筑坝。会上讨论了水土保持工作的方针政策。黄河水利委员会负责人、苏联专家参加并讲了话。这次使我这个初出茅庐的人大开眼界。会议结束回到定西后，向乔局长做了汇报，在站职工中传达讨论提出安家坡治理的办法。乔提出新点子，办水土保持试验站学习班，每个县抽出几十个年轻力壮的人来修梯田，吃饭、住宿由站上解决，面粉凭介绍供应，共两百多人自带铺盖、工具，住在安家坡修梯田。

这时候《甘肃日报》《人民日报》还有《定西日报》，大篇大篇登载鼓吹三面红旗："人民公社化""大炼钢铁""大跃进"。定西地委召开工具改革会议，在临洮现场参观临洮农校种的小麦密植，下籽量每亩一百多斤（1斤＝500 g），还没有分蘖，已经覆盖地面。引洮工程每天送来战报，经过改革工具工效提高，每人每天挖运土方量一百多方。我们修梯田用铁锹装土，架子车运土，两人装，一人运，一分钟换一次人，快运快装，一小时每人转运土方量还不到三十方。有一天农建局开会汇报，我去参加，乔局长问我：修了多少梯田？我回答：一亩半。乔又问：每人每天挖运土方多少方？我回答：三十方，按实际测算的数字还达不到这个目标，按报上去的数字更达不到。乔说："思想不解放。派几辆车，把学员、职工拉上参观去，看人家是怎么干的。"此后农建局派五六辆解放牌大卡车，把水土保持站职工和培训班学员拉上去参观。先去华家岭，从定西上山经过华家岭高峰，通向通渭、会宁长一百多华里（1华里＝500 m）公路两边坡地、荒坡、沟坡，到处人山人海，挥动铁锹，青年男女还唱着歌子"社会主义好……"车上年轻人也迎合着唱"社会主义好……"还呼口号"向定西人民学习""向通渭人民学习""向会宁人民学习"。这一天早出晚归，巡了一圈回到定西。第二天参观大柳树村"除四害，讲卫生"，又参观武山东梁渠引水上山。夜宿武山县，次日回定西。《甘肃日报》发表文章《引水上山的启示》，武山东梁渠引水上山的经验使甘肃省领导人头脑发热，提出引洮上山，从岷县截引洮河水经过岷县会川、渭源、临洮、定西到通渭。梁兆鹏局长率领的勘探队，查看洮河渠流经的路线，回来作了一个报告。古城修水库拦截洮河，一面测量，一面动工。水保站的职工中大学生很多，听了梁局长的报告，情绪很高，提出把安家沟的水引上水保站是轻而易举的事。我向乔局长反映了职工的意见。乔说："群众说能干就干，要相信群众。"我回到水保站组织技术人员，借来水平仪测量渠线，然后动员职工学员分段开挖。通过公路处理上管子，四五天完工，把水引到窖里。哪知黄土层渗水特别严重，蓄一窖水还没装满就已经渗成半窖，而且盐碱严重不能饮用，只好不了了之。

从全国各地分来水土保持试验站的大学生、中专生，学过农林水牧专科的人才都有。毛主席的"农业八字宪法"发表后，年轻人最容易冲动，人人讲跃进，大显身手，报名搞试验。站上决定大田交工人搞，学农的技术干部指导，全站划出若干小区，由科技人员包干搞试验。农业试验小区贯彻"农业八字宪法",搞高额丰产田,分层施肥,密植小麦,寻找半干旱地区丰产技术。林业组搞青杨丰产林,寻找半干旱地区快速成林的技术。畜牧方面,通过养鸡养兔,选育鸡兔优良品种。水利方面,成立径流组,在沟底建成径流观测点,雨后进行径流观测,取得水土保持综合效益观测资料,为宣传水土保持工作提供资料。在安家坡小流域建立气象园,对小流域的降雨量、气温、地温、风速、风向、日照,每天定时观测,每月填表上报。

不久,定西正在鼓吹共产风,到处宣传"吃饭不要钱,干活不计报酬"。山区农民赶着猪羊鸡前往县城去卖,路经安家坡试验站。有的农民到试验站门口叫卖,不讲价钱,给钱就卖。有的农民赶到县城卖不出去,路远赶不回去,赶到试验站院子里说不要钱,送给站上。试验站不敢收留,于是便贱价收买,收了没处圈,搞个土围子临时围圈,给水土保持学习班的学员每天杀猪杀羊改善生活,就这样大干、大吃、大喝。不到半个月的时间,通渭的学员请假回家的越来越多,回到站上后秘密谈论什么,给站上的职工说,老家农民没饭吃,离家逃走了。我把这一情况反映给乔凤翔局长,乔说:"不要听他们胡说,把学员管住。"过了几天,请假的学员越来越多,有的久假不归,有的不请假就走了。有一天水保试验站突然有人来找我,我还辨认不清,他面目黑瘦,走路脚步沉重,近前才认出,原来是临洮老家我的叔父。他见了我,开言便说饿得很。我赶紧叫人从灶房端来馒头和菜,他狼吞虎咽地吃了一阵,才说:"我是从定西拉粮来的,这次的粮是救命粮,家里还等着粮呢。粮驮上连夜要赶回去,沿途一点吃不上,有粮票才行。"说罢就要走,我急急忙忙找了几斤粮票,装了几个馒头送走了,我已感到问题的严重性。

突然有一天,乔局长和地委冯部长来了。我们叫来办灶人员酒肉招待了一阵,他们看到水保站工地热火朝天,说要开会讲话。三间房屋大小的会议室,职工学员挤得满满的。乔主持,冯讲话,说:"你们干劲很大,我看了很高兴,要继续干下去。"又说:"现在宣布两件事,第一,王鸿祥来担任水保站站长,马朴真担任农建局秘书科科长。"参加会议的人员一起鼓了一阵掌。乔对我说:"你去走马上任吧,王鸿祥就来接班。"王鸿祥原来是通渭一个区委副书记,从省委党校文化班学习刚回来,调到地区农建局工作,乔局长派来接我的班,当试验站站长。

1958年5月,定西地委在临洮召开工具改革现场会,地委机关的职工都去参加，安家坡去的人多，我作为领队必须去。正在这个时候，妻子临产了，我们请水利局职工汪宗山的母亲照顾，多蒙她老人家的关心，有经验，因而大人小孩都很健康。满月后在距定西一中不远的地方找了一个保姆，当地人都称她贵家妈。

临洮工具改革现场会大会会场设在城隍庙戏台上，会议主持人是地委秘书长王贤哲。地委书记窦明海讲了一通话，临洮县委书记牛金铭也在台上，靖远县县长李永禄拿了一个照相机在台上拍照。窦明海的讲话也不长，讲罢以后就去参观临洮的工具改革模型。然后分组讨论。讨论了一天散会回到单位。我乘机回老家去看望父母和菊荣，并通报平平降生的消息。到家住了一夜，第二天步行到定西去的。

我离开水保试验站回到农建局秘书科，参加整风运动。农建局成立了整风领导小组，由乔凤翔、李贵志、胡佩贤和我四人组成，乔凤翔担任组长。轮流主持会议，检查、批判整风。有个女同志叫汪友兰，背地里开玩笑，说乔的坏话，被乔碰上了，乔很不满意，在职工大会上点名批评汪友兰，叫汪友兰在大会上作检查。这一天检查时，我主持会议，乔到地委去开会，这次会上传达了中央的精神："反右整风主要县以上党员领导干部检查。"这样，汪友兰不是党员，也不是领导干部，就不应该作检查。乔得知后大发雷霆，问谁叫汪友兰停止检查的。散会后宣布让我停职检查，从这天起一个月内我没有参加各种会议，也没有工作，让我写检讨。将我办公室放的两把盒子枪也收回去了。派李贵志科长督促我检讨，我说："没写头。"李贵志说："乔这个人朝风暮雨，对的错的都由他说了算。"

这时候机关职工的生活越来越困难，口粮减到每月 22 斤，开始挖菜根子，拾野菜了。我给李科长说："求你给乔局长说一下，让我到安家坡试验站劳动去。"后来乔同意让我到安家坡试验站去负责。乔在大会上又宣布水保试验站由我、王鸿祥、马成智三人负责，以我为主。乔私下又对我说：无依无靠的职工家属安排到站上，自产粮和菜可以供给，现在是以救人为主。试验站山上果园种的菜、油料，还有梯田内种的小麦都有收益，山下还有"大跃进"中平调来的大片川地，都种了菜。虽然职工的口粮减了，但还可以想办法吃饱。通渭因为饥荒，大量死人，王鸿祥老家五口人只剩下一个 12 岁的小姑娘，水保试验站工人景元，家在定西景家店，家里只剩下他母亲和一个妹子。因为有菜，所以试验站的人越来越多，除职工家属外，还有参加劳动的右派分子，都来试验站吃饭。我和马成智跟管粮、管菜的职工在一起算了个账，把自己的粮磨成面，每人每天补助一斤面，一顿一个半斤面的馒头，菜不限量。这个做法扩散了出去，地直机关很多人来站求援。原来的专员张生强，后划成右派，老两口拉着架子车，来站登门要菜叶，我们给了些胡萝卜、白菜之类的，他俩非常感谢。地委农村部冯部长捎话要洋芋，我同意送了一麻袋。

"大跃进""大炼钢铁""人民公社化"从1959年到1961年，中央讲的三年困难时期，政策一步一步落实下来，到1961年主要是休养生息。单位上班时间规定最多六小时，各级都不开会，即使开会都很柔和，说说笑笑。开会时间一个小时，话也很短，几分钟就结束，过去那种长篇大论不见了，检查团也不见了，各级领导也不来了。虽然生活困难，从单位领导到每个职工反而心情舒畅了。有一天，水利局副局长王保泰和财务科科长周仰贤到站上来，带着照相机给职工照相，品尝代食品。我们先给送上野草籽磨的面给他品尝，王局长说我："你怎么不尝？"我说早尝过了。局长尝了一点，苦不堪言，他说："这不行，出人命呢。"我们又把胡萝卜炒鸡蛋、白面馒头端上，王保泰局长说："这个代食品好！"大家一阵欢笑。这一年我倒无忧无虑看了几本小说。

1961年中央开了七千人大会，每个县去了一位县委书记。会上毛主席、周总理及党中央其他领导同志都作了自我检查，进行自我批评。精神传达下来，职工群众都很感动，怨气逐渐消了。农建局水保站的职工中有些外地人，困难时期忍受不了，都走了，有的久假不归，有的不辞而别。农建局乔局长给我谈话，叫我去动员，他叫我多带些钱，有困难给酌情补助，愿来的给些路费，不愿来的酌情给些安家费，回来凭条报销。如有解决不了的问题来信或来电话，我们支援。正月十五还没过我就出发了。乘火车先到北京，北京火车站挂着一个很醒目的北京城市交通图，我去看地图寻找我去的位置，一同看地图的五六个人相互问了一下，都是第一次进北京，于是商定先找旅店住宿，结果找了几个旅店，门前都挂着个"满员"的牌子，不再接待客人。没办法找到旅馆处，每人买了一碗茶，坐在椅子上，半睡半不睡地坐着，老板好像很明白，也不过问。到天亮时，老板叫醒说："现在天亮了，快去登记旅馆，再迟又满员了。"我们找到住处，吃了一碗羊肉泡馍，我去找我的户主家。到了西直门祁维贤家，敲开门家里只有祁维贤母亲一人正在做饭，我说我是定西来的，找祁维贤，她出言不逊地就骂。我说：你听我说，想找你儿子见个面，有些事情谈一谈。她说："我不听你说的，我问你们定西人还有家吗？还有父母吗？还有良心吗？"我也火起来了，说："定西人不好也是毛主席领导，我没想到住在毛主席身边的人，在北京这么不讲理。"说着我就出门了，恰巧碰上祁维贤和他哥哥、父亲，他们干木活回来吃午饭。祁维贤给他父亲说："这是定西来的马科长，是好人。"我说："我本来想找你谈一下，但你母亲不让我说话，把我骂出来了。"祁维贤说："马科长，不要见怪，婆娘家不懂事，走到屋里走！"连拉带推把我拉进他家，见到祁维贤母亲就一顿训斥，把我称赞了一番了事。我说了上级领导的意图后，他们很高兴。祁维贤的父亲就让祁维贤陪我到北京好玩的地方，名胜古迹处看几天，说这么远来一次不容易。在北京我和祁维贤参观了好多地方。最后祁维贤说他再也不回定西了，就在北京干活，他一家都是木匠，有活可干。他给我八十块钱，写了条据，我离开北京向东北进发。

我的车票是北京到长春的直达快车，七天内有效，跑了一天一夜到达双阳县地界。我下车给龚国利通电话，叫来县城见面，龚国利和祖玉珍是同学，又是夫妻，离双阳县三十华里，他们接到我的电话后乘汽车赶来县城。他俩是考入甘肃林校，在临洮农工学校念书的，毕业后分到定西水土保持试验站，工作也很好，我们的关系也很好，在一起无话不说，因此他们听我来他们的家乡也乐于见面。我们在旅店里谈了三四个小时，得知东北东西多，农业效益好，农民不挨饿，能吃饱，我说明领导派我来动员的意图，他们都说不愿再去定西，并说家乡领导劝他当小学教师，到处是为人民服务，何必跑那么远呢？他们写好了退职申请书，我们三人照了相。他叫我到他家去，我表示感谢，还有任务在身，给他们留了一些钱，离别双阳县向长春去。东北大平原真大，真是天外有天。从西安到郑州的八百里秦川十分的辽阔，东北大平原更是漫无边际，坐火车从天亮到天黑看不见有高山，远处望去雾沉沉的，天连地，地连天，也看不到树木森林，尽是草地，好多地方都不见人烟，沿途车站有几间房屋，铁路两旁有些人工栽的林木，远处星星点点遇到一片片林木，从早到晚好像太阳没有动。

经过两天两夜到长春市，别有一番情景。长春市的街道楼房是日本人占领时修的，街道是六角形的，楼房也不高，四层五层算高的。正遇上长春市群众耍秧歌，正月十五闹秧歌，和东北学生在临洮耍的秧歌一个样子，人也不多，市区积雪厚，也没有围观的群众。但是市区生活比较好，小卖店卖的酒一角钱一碗，喝的人也多，当地群众一次喝三四碗，我也喝了两碗。只有些酒味，没盛到热的。饭馆里卖的冷面，是高粱面长面，把面煮熟了捞在冷水碗里冷吃，也好吃。在长春市住了两天，大多数小吃都吃到了。乘车去延边朝鲜族自治州，有个定西地区农业局的干部回到老家里每天外出干装卸工，家里生活也好，我到他家里去过一回，说他到定西不习惯。还说我是大西北远道来的客人，一家人都盛情招待，领我去洗澡，看电影，上饭馆吃饭。延边朝鲜族自治州住店都是烧煤，火墙火炕，室内很暖和，温度适宜，没有烟味。工作人员都是女的，性情温和，很讲礼貌。延边自治州过图门江就是朝鲜人民共和国。我在江边看了看，江上架起一道宽大的桥梁。这边是中国人民解放军站岗，过江是朝鲜人民共和国军人站岗。我们走进岗哨时解放军问：你们是干啥的？我们如实告诉：是出差人员，看看朝鲜人民共和国。解放军说：桥上不能去，不能过江，可以隔江观看。我们站在江边远远望去，看见朝鲜山高陡峭，山上森林茂密，山下平川区农村居住集中，农民正在往地里送肥，牛驴驮运，人力车拉运。农民住房也很简陋。图门江河床宽大，可能在雨季江水上涨时流量很大。眼下流量只占河床的三分之一。看了一阵，我们各自回旅馆了。

　　我的任务完成了，回来的车票已经买好了，那里食品丰盛，人民群众安居乐业，好像没有发生过灾荒，和北京大不一样，而在北京的饭馆里吃饭，一不小心就被讨饭的把饭抢去。延边朝鲜族自治州的社会安宁真使人留恋，那里食物丰盛也便宜。我多买了一些糕点准备带回家，但钱不够了，给定西打电话要钱，已经到期了钱还不来。我心急火燎地到当地县政府去借钱，办公室主任做不了主，我拿出出差证据求他帮助，结果把县长请出来答应借钱，下午来取。我回到旅馆时，钱已经汇来了，下午我去县政府表示了谢意。任务完成后，坐在返回的火车上感到特别的轻松。向车窗外望去，东北的山色外景还没有多大变化。到了北京，看见到处杨柳吐出绿丝，大地开始换绿装了。河南山西地界桃花杏花正在怒放，绿油油的冬麦已经开始除草，到处人喊马叫，呈现出生机勃勃的景象。到定西地界，陇西又变成枯冬的样子，铁路旁火车站一群一群拾煤渣的人，穿得破破烂烂，低着头抱着膀子，一动不动地使人感到寒酸。回到定西后，我把动员情况向乔局长做了汇报，乔说：他们不来算了，麻烦事还少些。

水土缘——对往事的追忆

定西地区水土保持试验站原站长　叶振欧

苦水黄土的青年时代

1954 年 8 月，水利部黄河水利委员会派人来到江苏省苏州农校，在农学 2、3 班中挑选了 10 名毕业生（包括我在内）正式分配到黄河水利委员会。9 月初到达河南郑州水利部黄河水利委员会，并与广东番禹林校造林专业和江苏南通农校畜牧兽医专业各 10 名毕业生会合。住了 3 天，这 30 名同学中只留下我的同学李昭伦（女）在黄委水保处工作，其余 29 名全部赴西安黄委西北黄河工程局报到，并正式填表参加工作（工龄也就从此算起），这走上了我人生最关键的一步。

在西安逗留不到一星期分配令下达。我的另一名女同学朱桂云和广东番禹林校男生留在黄工局，其余全部分到七个水土保持站，包括延安水保站（余大同）、山西离石水保站（王新民）、庆阳西峰水保站（包才华）、平凉水保站（陈德祥）、绥德水保站（程远凤）和天水水保站（陈柏林、周长华）。我被分配到定西水保站，与我同赴定西的还有广东番禹林校的李斌荣、江苏南通农校的谢国忠。

除了天水、庆阳二站是老站，其他各站均属黄委新建单位，定西于 1954 年 9 月正式建站，单位正式名称是黄河水利委员会西北黄河工程局定西水土保持工作推广站。建站时租了民房三院，一院为办公、集体活动和食堂所在地，另二院为我们住房（在北门内）。

在建站筹备期，让我与李斌荣、谢国忠前往天水站实习，参加天水吕二沟秋季群众造林工作。直到 11 月中旬才正式通知我们前往定西报到。我们乘车来到定西，从此踏上了我工作 40 年的土地。

下了火车，这里给我们的第一印象是贫穷、荒凉，土墙侵蚀得断断续续、高低不等，土坯房又矮又暗，没有一座像样的瓦房，土路坑坑凹凹，没见商店、餐馆，好像战后的战场，人的脸上都有两个红蛋蛋。谢国忠说：

"怎么这么穷，这么凄凉？"

到了单位，接待我们的张爱德很热情，办公室里见了临时负责人万夫哲（万廷朝之父），众人称呼为万秘书。问寒问暖之后将我们安顿在隔壁民房内住下，当晚享受了人生第一次热炕的滋味，李斌荣笑言"烙烧饼"。

第二天，万秘书召集全体人员开了个欢迎大会，介绍了全站行政及技术干部，包括宋玉英、张爱德、李达仁、季先、李贵芝、闫康仲等行政干部和罗文琪、刘国柱、蒙文彬、欧阳恒四位（西工大农田水利毕业生）、王广增、张富国二位（黄河水利学校应届毕业生）及天水站调来的张仁俊、温同弟、樊树信（农艺师）、庆阳站调来的宁庆（工程师宁建国之父）、山东调来的杨念谟（技术员）等技术骨干。

不久，地委派来了乔凤翔担任站长。新官上任第一把火是让蒙文彬在大会上做检讨，他在工作中犯了点小错误。从此，全站同志工作时认真了许多。当年冬季，全站组织了几个工作组下乡总结当地群众水土保持经验。我和谢国忠在组长李达仁的带领下前往会宁县，由县政府安排到甘沟驿进行调查，住在群众的光炕上，因炕又窄又短三人同一方向侧身弯腿才勉强睡下。吃的是连壳推出的糜面糊和馍馍，喝的水带苦味，没有洗脸水。这样的条件彻底击垮了谢国忠的信念，他决定离开定西工作岗位，回老家另寻出路，问我如何，我回答道："我在毕业时填的志愿是到最艰苦的地方去，为祖国建设出力，所以不敢违背自己的誓言。我父亲从小就教导我们言必信、行必果，所以我不能走。"李达仁知道后，立即向会宁县委汇报并将我们带回定西。从此，谢国忠受到歧视，不久即调往地区畜牧兽医站工作（1957年，在反右运动中被划为右派送往夹边沟，后来遣返江苏南通，直到1979年平反纠正）。

1955年是定西水土保持工作推广站"大跃进"的一年。首先是黄委拨来建办公楼及宿舍的一笔巨款，指示立即动工建大楼一栋。乔凤翔请示地委、专署，在会上领导反对建楼，认为定西城没有楼房，连地委、行署都没有一排像样的平房。水保站盖楼脱离现状，过于突出。建议好好盖一院好平房。经批复后，就置了一块地（现在定西市水利局所在地）盖了一院好平房，包括三排办公用房、二排宿舍，还有门房和一排伙房、管理员办公室及厕所。当年秋天就盖成入住。这时，专署做了一个决定，将农、林、牧水利水保单位合并，统一命名为农业基本建设局，统统搬进新房办公。实实在在侵吞了黄委定西水土保持工作推广站的利益。黄工局也显无奈，只好指示先将业务开展了再说。当年将原水保站人员组织起来开展了以下几项工作。

（1）下乡总结当地群众水保措施及经验。通过调查总结，定西群众有培地埂、种苜蓿、修谷坊及鱼鳞坑植树、修涝坝等水土保持措施。我参加到张仁俊组、欧阳恒参加到榆中高崖乡这一组，在古糜子岔驻点一月写了一篇总结报告后结束了此项工作。

（2）开展水保试验前期工作。首先在全定西地区没有气象观测史的情况下，建气象观测站一座，对当地各主要气象因素进行观测记载。这个任务交给了我，西北黄工局也派来一名技术员，携带全套观测仪器来到定西与我共同在农建局后院空地上建了全区第一座气象观测站。观测内容包括气温、地温、相对湿度、风向、风速、日照、雨量、雪量、冻层等项目。安装完毕后，业务全由我承担，日观测四次，即晨7时、中午1时、晚7时及凌晨1时，每月向黄工局报表一次，并为我派了位助手李瑞琼（系北京支援西北的学生，是李旭升、王惠的同学）。

（3）遵照黄工局指示，选择了水土保持重点流域一条，即将安家沟小流域作为定西水保站的试点，并于当年在安家沟口设计施工修成淤地坝一座。此时，地委农村工作部冯兆芳部长抽调我与欧阳恒赴榆中高崖；选址曲儿岔由我负责开展另一座淤地坝的设计、施工工作。由于我们开展了劳动竞赛，还组织了突击队，工效比定西安家沟工地高得多，因此受到地委表扬，这是我参加工作后第一次受到上级表彰。

（4）遵照黄工局指示，以金蝉脱壳计在安家坡建水土保持试验场，将黄工局分来的人员逐步调往试验场建成真正的水土保持科学试验站。以万夫哲秘书为负责人开始此项工作。1955年秋，派我一人前往天水水保站学习径流观测、小区建设、试验布设及土壤化验技术等。年底学成回到定西。此时，万秘书已选好安家坡试验场场址及试验地并将安孝一院民房（三间）买下作为办公住宿之用。

（5）当年"肃反运动"中受冲击的樊树信、宁庆等人，不久即解除限制，也做着上试验场的准备。

（6）1956年春节过完，农建局即派杨念谟、李斌荣和我三人上安家坡试验场开展首批试验项目的设计、布局工作，办公、住宿都在下安孝的房内，院外搭帐篷两顶，一顶是储藏农具及其他物品，另一顶是农业工人的住宿处。当时雇用炊事员一名，农工是张绍康、张绍昔两人。我按计划布置了15个径流小区的建设和试验，包括坡度径流对比小区（5°、10°、15°、20°、25°，坡长15 m）、坡长径流对比小区（5 m、10 m、15 m、20 m、25 m，坡度15°），其中15 m小区为坡度坡长试验重复小区，不仅节省了1个小区，而且能将坡长、坡度试验有机地联系在一起。当苏联专家组来场考察时，这样的布设受到苏联专家的表扬，认为"很科学、很聪明"。另外，6个径流小区布置了带状平铺起垄耕作法研究，1小区是扁豆、洋芋等高带状间作区，2小区为扁豆、荞麦等高沟埂小区，3小区和4小区为谷子稀密植试验区，5小区和6小区为莜麦综合耕作区。

1956年11月，局里派我出差上海等地，采购土壤化验仪器设备和化学药品，有幸借机回南京、杭州探望了我的父母、亲戚，碰巧我大哥大嫂赴杭州旅游也见了一面（他们在解放军第三汽车拖拉机修理学校任教员），其乐融融，终生难忘。年底食品、药品全部运达定西，建起了土壤化验室。

1956年5月开始，由阎康仲带领建筑队在安家坡试验场开工建起两排平房和气象观测房，秋天建成后我们搬进了新房，我和王惠将气象观测站搬上安家坡气象观测点，由王惠负责每日观测记载。土壤化验室也开始了理化分析测验。也调来了不少干部，包括负责人万夫哲，工程师宁庆，农艺师樊树信、祁维贤、马仕庭、苗映芳等。从此，各项试验陆续开展，李斌荣、樊树信开始推广柠条、珍珠杆等的栽培技术。

1956年，中国科学院黄河中游综合考察队来到定西，对安家沟流域进行了综合考察，并制定了《定西安家坡流域水土保持土地合理利用规划》。从此，安家沟小流域综合治理试验研究拉开序幕，断断续续30年，经历了三年自然灾害，十年动乱，也曾遇到不同程度的破坏，但最终于1986年完成此项目研究。

1956年虽然繁忙，但工作顺利，事业兴旺，生活愉快，是一生难求的好年景，虽然条件艰苦，但我们用口琴、粤琴、乒乓球点缀生活，终生难忘。当年国家事业蒸蒸日上，也来了一场工作改革，我和李斌荣及所有技术人员几乎都提了一级（我当月62.5元，此工资直到20世纪80年代）。

到了1957年，在前半年，各项试验继续进行，并分来了两名北大毕业生，可惜好景不长，"反右运动"狂风暴雨般，几乎毁掉刚建立的试验站。大鸣大放后因我参加高考去天水，等我回到站上才知道宁庆、樊树信、杨念谟都被划成了右派分子，包括局里的梁英华（梁雪兰之父）等，都被隔离听候处理（此四人均送往边沟，除宁庆侥幸生还，并于 1979 年改正恢复公职，其他均客死他乡）。我当时看后很难受，仗义执言说"宁庆、杨念谟不是右派"。因这一句话我被认为是思想右倾，受到批判 1 个月。此时，我的录取通知书到达，被西北师范学院生物系录取，但我无法脱身，最后我被解放，当时局长梁兆鹏找我谈话，再三挽留，说去上学不如继续工作，边干边学两不误，我当时也因刚受完批判，只好服从领导安排放弃了上大学的机会。

从此，我调到农业基本建设局，开始了行政事务工作，当年秋我先下乡到靖远县芦沟乡驻点，年底回到局里。

黄河工程局的同学朱桂云给我来信说黄工局决定将定西、平凉两站交给地方，原因是"给的钱打了水漂，分配的技术干部全军覆没"。而我们都有一种被抛弃的感觉，抱怨黄委"养娃不管娃"。命运也从此给我带来极大伤害。

清水净土的黄金时代

党的十一届三中全会，吹响了改革开放的号角，全国各族人民欢欣鼓舞，会议决定对右派予以改正，冤假错案予以平反，我也在 1979 年彻底平反，恢复公职，工龄连续计算。组织上准备将我安排到林业处工作，我怀念旧友和曾经的水保试验，提出回到水保试验站。

1980 年春，我终于又回到了阔别多年的定西地区水土保持试验站，见到了同志加兄弟的李斌荣、王惠、李旭升等人，也和宁庆、万夫哲、何炳淦、梁英华等人的后代相识与交往，互有悲喜之言，眼泪与笑脸交相显现，此情此景终生铭刻于心。

回站的第二天，我就上山前往试验场，看到的情景与多年前几乎一样，同样的气象观测站，已破烂的径流小区，工人仍拉水吃……我不禁又流下了怀旧的眼泪。下山后李旭升问我干啥去了，我说上山上的试验地看了下，他说："有啥看头，和以前一样。"我回答："已二十多年，不变总让人失望。"李旭升说了这十几年试验处于停滞状态，运动一连串，领导都抓革命去了。王惠也说了不少情况。最后大家共同做出一个决定：

"齐心努力、重建水保试验站往日的繁荣，使水保研究达到新的水平。"

我回站接受的第一项任务是将1972年黄委延安水保会决定的省列"旱梯田增肥保墒高产稳产试验研究"继续下去，这一课题虽经多年研究仍未达到预期效果，曾受到省科委批评。我接到此任务后，对多年试验进展情况逐一了解后，进行了认真分析，并做出新的部署。亲手布设试验小区和大田示范地块，从整地、施肥、铺种、田间管理直到收获，每两天观测一次，并记录在案。功夫不负有心人，当年试验田大获丰收，创下春小麦平均产量528斤/亩，最高产小区达733斤/亩，站领导王兴洲站长(王惠园之父)、宁庆都很兴奋，并向上级汇报了本项试验成功的消息，前任站长席道隆还亲临祝贺，还说："没想到有这么高的产量。"

1980年的第二项任务是黄委来文要求上报1980年试验课题计划，准备拨试验费，我与王惠商量借机解决20多年试验场山上职工拉水吃的情况。决定由我设计一课题计划，以径流对比试验需储水池为借口，设计了约100 m³蓄水池1座，并配套引水管道、抽水机等设备，当年施工，当年通水，解决了用骡车、手扶拉水吃的问题。水从山下药厂蓄水池二次上水，使山上职工用上了自来水。

1980年的第三项工作是安家沟小流域综合治理，当年应当做一个调查，以弥补治理中未完成之处及治理效益评价。经宁庆、李斌荣商量，交给我办这件事。从9月开始直至11月底，我通过实测、调查、资料整理，最后完成了《安家沟流域治理效益调查及分析》一文，此文于1981年刊登在《中国水土保持》杂志上。

1981年春，西北大学地理系水保进修班，给我站一个名额，站上派我前往西安，去西北大学水保进修班学习，包括水土保持原理与规划、水土保持水文、水土保持工程、水土保持林草、水土保持径流试验、水土保持农业技术措施等课程。报到以后经系主任及老师研究指定由我担任学习委员，开课不到一个月，窦玉青老师来上课第一句话就是："叶振欧你的文章在水土保持杂志上登出来了，水平不错啊！"我感到很突然，不知如何回答，众同学笑说："原来你是到西安度假来的！"从此，班里一切事务就成了我一人的了，实习跑外联、学习辅导、毕业事务都交给我，真正的班长成了摆设。我常获系主任余汉章及其他老师的赞扬。我的名声留在了西北大学地理系，直到1992年西北大学水保教材出版前专门寄了一套教材让我校核并征求意见，最后正式出版时前言中将我的名字留在了校核人之列。

1981 年，除整理课题多年研究记录外，在安家沟流域调查时发现了我 1956 ~ 1957 年径流小区设计的带状平铺起垄耕作法竟然在各处的群众生产中得到应用。流域内扁豆地行间套种洋芋，扁豆收后立即起垄。这是我的成果，因此将此总结成文，也寄往《中国水土保持》杂志，有幸又被刊登。

1982 年 3 月，西北农学院召开了一次干旱半干旱地区农业学术讨论会，我和定西农科所赵华生受邀参加，我带去的论文是《旱梯田培肥保墒高产稳产试验》的初稿。也读了不少新论文，受益匪浅。

1982 年春，我与李旭升都认为土壤水分动态研究是一个值得探讨的新课题。两人决定在现有课题经费中抽出一部分先行开展土壤水分动态研究，李旭升在土化室，负责仪器及样品烘干，我亲自设计、写计划、选择点并付诸实施。在安家沟选择了沟顶、沟底、阳坡、阴坡四片及农地、林地、草地等钻测点，定期定点取样，每一钻分十三层，共 2 m 深，测定土壤湿度，坚持长期测定，及时记录，创下了连续三年的测定记录。

1982 年，接省水保局高积善总工指示，"旱梯田培肥保墒高产稳产试验研究"课题已达预期目标，准备鉴定。我和李旭升又投入到整理撰写报告之中。1983 年底，由省水利厅及省科委共同主持召开了甘肃省水土保持科研成果鉴定会，邀请了全省农、林、牧、水及大专院校专家学者数十人审核鉴定。我站"旱梯田培肥保墒高产稳产试验研究"在全部三个鉴定项目中一枝独秀，受到广泛好评。并引来了兰州大学生物系赵松苓教授主动寻求定西水利处秦凤鸣处长、马朴真站长，要求与我站合作共同开展新的科研课题，当场获得通过。从此开始了五年的科研合作，课题是"半干旱地区农业生态条件的不协调性及匹配对策"研究。鉴定会结束后不久，我的这篇文章又被《中国水土保持》杂志刊登。

1984 年，中央调研组全国政协副主席费孝通，带领北京农业大学教授陶益寿等人来到定西并专门来到我站，了解土壤水分动态研究。由我汇报了小流域土壤水分测定情况，查看了观测记录。他当场表示，此成绩实属珍贵，希望继续进行。并让我赴北京农业大学土化系进修土壤物理学，年底我学成回站，撰写了《旱梯田水分动态研究报告》，被刊登在《中国水土保持》杂志 1986 年第 5 期上。

1986 年秋，省水保局为了撰写官兴岔流域综合治理试验示范项目总结报告,将我抽调出来专门撰写此报告。我在无原始资料、无规划设计的情况下,深入摸底调查,总算完成了这一任务,报告虽不算优秀作品,但不乏是佳作一件。当年由黄委主持鉴定,场面极大,黄河流域各省代表,地委书记、专员均参加会议,我上台为数百听众做了总结报告。因此,获1987年甘肃省农业科技推广承包一等奖。

1986年,我和旭升等准备土壤水分动态研究报告时,突然获悉我是下届水保试验站站长。我心中纳闷。因为我从未寻求过当站长,所以很意外。经了解原来是省局刘海峰、水利处处长张根生、原站长马朴真等共同研究推荐的结果。在和李斌荣交谈中,我坦诚心声,深感责任重大,违背我的"不当官"的初衷,我不留林业处,坚持回水保站就是只想走科研之路,少是非,将精力投入到科学技术现代化中去,个人走工程师、高工之路已足。突然的站长身份增加了很多负担,包括:

(1)底子差:定西水保站当时技术力量薄弱,试验工作条件差,必须尽快改进提升技术人员水平和设备现代化水平。

(2)房屋破旧,无论办公、科研还是职工住宿,都急需改变。

担任站长除搞好行政事务工作外,有责任提升定西水保试验站的水平和在同行中的现代化水平,应做好多方面的工作,除培训提高人员素质外,还需与高等院校、科研院所多搞交流与协作,争取科研经费,提高技术水平。此外,需从多方争取经费尤其是到省计委立项建楼。所以,我将站务交由二位副站长处理,我以跑外交争取项目和经费为主。因缺少精力理顺秩序,总感觉工作中有阻力。但大局仍向好,站科研水平逐步提升,办公楼房盖起,家属院平房也改造成功。可惜无人能体谅这些,全部担子落在了我一人身上。我视全站职工为亲人,盼在完成站长之旅后有一个公正的评价。

在1992年我任站长期间,定西地区水保站在全国第五次水保工作会议上荣获"全国水土保持先进单位"称号。这是全站职工努力的成果。

我在定西水保试验站工作片段回忆

定西地区水土保持科学研究所原书记、副所长　张健

我从1984年调到定西地区水土保持试验站任副站长至退休,在单位

工作15年。其间分管过科研、财务、党务、工会、后勤等工作，不少时间消磨在打杂中，无所建树。比较而言，就自己印象深刻至今记忆犹新的事简述几件。

怀念马朴真同志

我来任副站长时，马朴真同志任站长，我们一起共事约10年。他已经离开我们好几年了，他忠诚于党的事业，不谋权，不图利，诚恳待人，宽容大度，对工作认真负责，对职工关心爱护，他的优良品德给人留下了深刻的印象。

我来时，单位领导就我们两位。我是新任领导，工作没有经验，他是多年老领导了，经验丰富。我来不久，在商量分工时，他让我负责科研。他认为我是学过专业的，管科研合适，他是外行不行。其实他以前就在水保站工作过，对业务管理并不陌生，而且很有经验，而我虽然业务懂一些，但从未搞过这方面的管理。我不好过分推辞，就接受了。科研在当时是单位工作的核心，可以说其他工作都是为科研工作服务的。我一来，他就把核心工作交给我管，表明他对我的信任。

后来（是当年还是下一年记不清了），他又让我分管财务工作。要让我接财权，我不同意。他说："你管上，你年轻，脑子比我的好使，你就多管一些。好好干，我是把你扶上马，送一程。"我推辞再三，还是在他的坚持下，推不过，管上了。但我表示他也要管，两个人都管。所以，在此后我们两个人负责期间，单位上的财务，我们两人签字都有效。由于当时单位使用临时工较多，审核临时工工作表册比较麻烦，多是由我审核，有时他也审签。财务其他方面如借款、报销等，我审签多一些。我们从来没有因此而发生过误会，也没有感到财权的重要。

要说不同意见也有过，在20世纪80年代，单位职工工资很低，大多数职工月工资40多元，还有更少的，所以大家经济上都很紧张。财政一年拨给单位的行政事业费共4万元，这些钱有的一年下来还花不出去。有一年大概还剩下几千元，财务办公室人员算了一下，职工每人可以做一套较好质量的工作服。给我汇报后，我认为可以。我想还是应该给马站长汇报一下，我汇报后，没想到他沉着脸，严肃地说："你这不是要我们集体贪污吗？业务费里没有劳保这一项，不行！"这件事只好作罢。这是我俩共事十余年，他对我最严厉的一次批评。由此可见，他在原则问题上毫不退让，毫不照顾大家的情绪。

在对待职工方面，他宽容大度，尽量保护。单位有一名职工在经济上犯了错误，上级要求从重处罚。我记得在研究上报单位处理意见时，他说：他们要求要开除公职，我们不能按他们说的做，不能犯了错误就一棍子打死。结果按最轻的处理意见报了材料，仅退了非法所得，给了一个很轻的行政处分。这位同志当时并不知道这些，甚至还有意见，却不知，如果不是马朴真同志保护，只怕没有以后的好日子过。

马朴真同志在同我闲聊时讲道，他从渭源县锹峪乡党委书记任上调来定西时，时任地区农村工作部部长韩得成要他留在农村工作部工作，其目的是尽快提干。可他要坚决到水保站来，没打算再升官。来到水保站，一直到退休时只得到一个副县级调研员待遇。地委大院很多人想挤进去都求之不得，而他却自愿放弃。可见他对官场名利的淡泊。

关于马朴真同志，确有好些值得回忆的故事，他已走了，我亦老了，想多讲已力不从心。新人员不知道，老人员慢慢地淡了，忘了，好多事我也忘了。仅就这几件事，也许能在茶余饭后引起对这位老领导、大好人的回忆。

拍摄小流域综合治理的录像片

据我所知，安定区官兴岔小流域是全国第一条、第一次鉴定验收的水土保持综合治理小流域，全国许多省区都派专家参加了验收，规格之高也是第一次，所以省、地、县各级领导都十分重视。我参加过多次小流域综合治理鉴定验收会议，唯对这次印象最深，特意谈谈。

验收鉴定工作具体由省水保局马韶烈局长安排部署。省水保局、兰州水保站、我站都积极参加，配合工作。在安排工作时，马局长专门安排，由我负责搞一个录像介绍片，县水保站于仰荣参加，地区电视台负责录像制作。我一听简直愣了，我可从未接触过这类工作。我说怕不行，马局长打着官腔说：什么不行，搞啥事都有个第一次嘛，不会学嘛，就这么定了！不容推辞我只好接受了，然后与电视台的人员研究如何搞。他们讲了一大堆搞法，解说与画面如何配合，时差不能超过几秒⋯⋯我感到更复杂了，好像要写一个剧本似的。我提出由我写解说词，电视台摄像，配音解说、编辑，我们相互配合。结果就这么定了。

我同于仰荣一起到官兴岔，对流域的全貌、各项治理措施的配置、社会经济等相关情况进行了实地考察和翔实的调查了解，收集了有关资料。回来后撰写解说词，内容包括官兴岔流域概况、地理位置、地质地貌、植被、气候、治理措施配置等。

解说词写好后，我和于仰荣同电视台的张镔、张仲强去流域录像。当时录像由电视台接，录像内容由我们指定。这也不是一件容易的事，一去就是一整天，大家都非常疲惫，折腾了约一个星期。录完后由电视台播音员段洁解说，张镔等编辑、制作，我们积极配合，总算完成了录像片。

在验收会议前，首先观看了录像介绍，各省区代表、有关领导、专家、鉴定验收人员参加。我当时真是手里捏了一把汗，心在悬着，感到成败在此一举。

画面徐徐展开，流域的地形、地貌，梁峁的林、坡面的灌草缓坡梯田，沟道淤地坝等治理措施展现在眼前。特别是当车道岭繁茂的林木，在"荒岭不知何处去，杨柳松柏迎客来"的解说中展现出画面时，我感到在场人员表现出满意的神态。此片受到马局长的称赞和各位专家代表的好评，对流域的鉴定验收及后来获奖无疑起到了重要的作用。

时光荏苒，世态变换，转眼间30年过去了。回忆这段工作，不是表功，也不是想得到什么，只是表明，国内第一部小流域水土保持综合治理录像片是由市水保站张健，安定区于仰荣，电视台张镔、张仲强、段洁完成的。如果此片作为一份档案资料保存，也应有作者名称。这份回忆就算补遗吧。

定西水土保持灌木

在北京林业大学水保系与黄委农水局主持、黄河流域水保科研站（所）参加的"黄土高原主要水土保持灌木研究"项目中，兰州、定西两站承担甘肃中部干旱半干旱区灌木资源调查及14种主要水土保持灌木的研究，其中我站承担了定西地区灌木资源调查及西伯利亚白刺、文冠果、甘肃山毛桃、黑穗醋栗的研究。这项工作由我与张金昌负责完成。

经过历时四年的调查，收集整理灌木标本彩图84种，彩照50多张，查到区内分布有灌木30多科，60多属，200多种，同时对上述四种灌木的生物学、生态学特性、水保效益、经济利用价值作了深入细致的研究，取得了预期成果。该项目研究成果同兰州站一起，作为甘肃中部干旱半干旱地区灌木资源调查及主要水土保持灌木的研究，进行了鉴定、验收，获得了甘肃省科技进步三等奖、定西地区科技进步一等奖。研究成果资料汇编入《黄土高原水土保持灌木》一书，在1994年由中国林业出版社正式出版发行。此项成果并不起眼，也没有给个人或单位带来多少利益和荣誉，只是做了些基础工作。但我和张金昌为此付出了不少心血和汗水，值得一提。

为了开展工作，我曾两次到山西吉昌、北京林业大学实验基地接受培训，学习技术。在资源调查中，我们实地考察了会宁铁木山、通渭陇山、陇西首阳、渭源莲峰山、黄香沟露骨山，走访了天水植物园、巉口林场等，收集了大量资料，采集了所需标本。

调查研究工作基本在野外进行，不是过沟就是爬山，非常辛苦吃力。最令我难忘的是在渭源黄香沟、露骨山的一次。在渭源的调查都是由渭源县种草畜牧中心仲生儒同志陪同的。这位同志对灌木树种的了解、识别比我们强多了，他不仅提供了大量资料，还亲自带领我们实地考察，一种一种地教我们识别。我们调查工作的顺利完成，与他的热心帮助分不开。今天我们能够很方便地查找到定西，特别是渭源地区大量的灌木分布林，不能忘记仲生儒这个名字。

为了实地考察海拔3 000 m以上高山地带灌木分布，我们到了黄香沟，沿沟谷两侧边走边查看识别树种，采集所需标本。经过两三个钟头的跋涉，来到峡谷险要处（是不是双石门，记不清了）。两边悬崖峭壁，中间溪水清澈见底。水不算深，但足以漫过脚踝，我们只好脱了鞋，涉水而行。虽然正是夏天，但那溪水很凉，凉得刺骨。过了此险关，便是一番新天地，蓝天白云，绿树碧草，高高的露骨山隐约可见，大自然是那样的美丽！欣赏大自然不是我们的目的，我们沿山前陡坡向上爬去。当时我已疲惫不堪，但要看到高山杜鹃必须爬到3 400 m左右。在3 000 m以上基本没有乔木了，只有零星小灌木。我们三人互相鼓励，终于到达了3 400 m处。我们见到了杜鹃，数量很少，零星分散在矮小的草丛中，但生长倒也旺盛。我们采集了标本，作了记录，还挖了两株带回（后经试栽未活）。在此高度以上再也看不到灌木了，草也越来越稀疏、矮小。这是我有生以来在陆地上到达的最高处。从这里放眼望去，山坡自下而上乔、灌、草的垂直分布界线一目了然，大自然所赋予的植物体生长规律是如此严谨。碧草蓝天，绿树青山，奇峰屹立，山峦蜿蜒，自然美景尽收眼底，加之湿润清新的空气，令人心旷神怡。我们躺在草地上休息，同时欣赏着大自然美景。休息了一会儿，精神好多了，于是从原路返回。

我们是早晨出发的，回到旅社已是下午五六点了。采集的标本应该当天尽快处理，不然会缩水变形。由于过于疲劳，我一躺到床上，就睡着了。当我醒来时，张金昌同志已把标本处理得差不多了，可见金昌对工作之认真负责。这件事给我印象很深，至今记忆犹新。

对白刺、山毛桃、文冠果、黑穗醋栗水保效益的研究是在安家沟流域进行的。这也是一项非常艰苦的工作，比如根系水保效益的测定，是要按径级、按层次（一般 10 公分（1 公分 = 1 cm）一层，至少挖到 1 m 以下）计算数量，测定拉力。在荒沟，顶着烈日，一折腾就是一整天。这些艰辛在此就不再多叙了。

转眼间 20 多年过去了，工作同生活一样，也是有苦有乐，当年我们为这项工作吃了不少苦头，今天当我翻开那些成果资料，看到我们提供的资料永久性载入史册时，心里仍然感到欣慰。

我的良师益友

定西地区水土保持科学研究所原所长　张富

定西，生我养我的故乡。在这儿有我成长的足迹，放飞的人生理想；在这儿我的事业在奋斗中不断前行，收获着丰收的喜乐。2008 年 12 月底，怀抱梦想，带着万般惆怅和留恋离开了定西，来到母校——甘肃农业大学，走进教书育人的殿堂，开始了人生的又一次转身。虽然转眼离开定西已经 8 年了，每每想起定西，那难忘的经历、难忘的事、难忘的人，一一浮现在面前，令人思绪万千，感慨万端，难以释怀。

光阴荏苒，日月如梭，2016 年定西市水土保持科学研究所迎来了花甲之年！抚今追昔，那些指导、关心和帮助我的老前辈、老领导，良师益友和定西同仁一个一个历历在目，往事如梦，让我沉浸在和他们一块儿努力拼搏、艰苦创业的美好回忆中……

马朴真站长，我工作上的启蒙老师

1982 年 7 月，我从甘肃农业大学林学专业毕业，离开武威黄羊镇的大学校园回到故乡定西，被分配到定西地区水土保持试验站（当时的名称）。到单位报到时，受到马朴真书记的热情接待。郑玉山同志开着手扶拖拉机将我的行李从定西地区行署招待所送到张鸿同志的宿舍（后又和叶丕福、陈瑾同舍），开始了我的专业技术生涯。

刚一上班，按照站领导及李斌荣工程师的安排，先后带领韩菊英、冯晓娟、白玉梅、邱宝华、李登贵、赵守德、马岩等人开展安家沟流域林业资源调查和安家沟流域的秋季造林工作。这半年由于从事的是我所学的林学专业，工作得心应手，对未来做好工作充满了信心。

由于十年"文化大革命"造成的人才断层，艰巨的工作任务接踵而来。1982年年底，单位安排我承担甘肃省水土保持局下达的"安家沟小流域水土保持综合治理试验研究"课题。由于水土保持是一项综合性的科学技术，专业要素涉及自然地理、水文地质、农林水牧、社会经济、管理科学（系统工程）等多门科学技术，与我所学差别巨大，使我感到非常茫然，觉得自己难以胜任，提出推辞。在李斌荣同志"我帮你"，李旭升同志"你是大学生，一学就懂，一干就会"的支持鼓励下，我在万般惶恐之中接受了任务。面对艰巨的工作任务，从此走上了"急用先学，边用边学，立竿见影"的自学、创业之路。

在课题的实施过程中，先后有叶振欧、李登贵、李斌荣、万廷朝、张健、万兆镒、王惠、陈瑾、叶丕福、马忠孝、张世英、韩菊英、邱宝华、冯晓娟、白玉梅、王小杰、马岩、安小妹、何增化等20多人参加了此项研究工作。在各位同仁的大力支持和共同努力下，圆满完成了各项课题任务。此项成果后根据甘肃省水土保持局的建议，按照研究性质分解为"小流域地形小气候、土壤水分特征及治理措施对位配置研究（1982～1988年）"和"水土保持综合治理措施及其效益研究（1982～1989年）"两项课题，第一项成果获1989年省科技进步二等奖，第二项成果获定西地区科技进步二等奖。特别是第一项成果的取得，在国内同行中产生了强烈的反响，时任水利部水土保持司司长在《径流调控理论是水土保持的精髓——四论水土保持的特殊性》一文中提到：当时，甘肃省定西地区水土保持试验站针对这一重要技术问题开展了一个研究课题，即《小流域地形小气候、土壤水分特征及治理措施对位配置研究》，经过试验观测，取得了预期成果，并获得了甘肃省科技进步二等奖。他们已从主观布设治理措施到按地形小气候和土壤水分来对位配置各项治理措施，这是认识和实践上的飞跃。

1982 ～ 1989 年，是我人生最为忙碌的时间段之一，最忙的时候，我负责的课题占了单位一半的课题（6 项），一半的人员（近 30 人），一半的经费（6 万元）。我同时先后还兼任了团支部书记、工会主席、科管室主任等职务，一天忙碌到了极限。面对繁重的工作任务和个别同志的种种议论，在一次下班回家的路上，我对时任站长马朴真同志表达了内心的苦闷。他叹了一口气，缓缓地说道，能用的人越用越爱用，不能用的人越来越不敢用。我回味了半天，我在领导心目中是一个能用的人！"士为知己者死"，一阵感动之后，我毫无怨言地、全身心地将我所有精力投向了为之奋斗的事业。在多年的共事中，我和马站长在业务、行政、为人、处事、健身锻炼等方面都有广泛的交流，使我深刻感受到了马朴真同志对党的事业的忠诚，对知识分子的尊重和重视，处理事务的大局意识，对知识的不断追求……他是一个社会阅历丰富，为人忠厚老实，具有宽广的胸怀和容人度量的人；更是我能力的发掘人、事业的指路人、处世的引导人，是我事业征程上的良师。

定西地区水土保持试验站在马朴真站长的领导下，党组织建设开启了在本单位党员纳新的先河，圆了老一辈工程技术人员的入党梦。业务建设上，他以所内机构设置为开端，建立了各管理办公室的管理制度。他带领我和董荣万同志赴天水、上杨凌，收集整理散失的科研成果资料，加强档案资料、科研管理等制度化建设，克服重重阻力，在全省本系统率先实现了科研管理正规化。1995 年，所档案室成为全省第一个通过国家档案二级管理验收的事业单位。1996 年，单位荣获全省档案系统先进单位称号，边琳等两位同志获得国家档案局颁发的先进个人称号。他还是我省唯一一位参加我国第一部《水土保持法》起草的人。

他调任市水保总站调研员后，继续关注着单位的发展，成为我妥善处理各项工作的智囊，对单位的发展贡献了他自己的智慧和才华。他退休离开领导岗位后，尤其是移居兰州之后，对单位来说，是一个莫大的损失。特别遗憾的是，2008 年 5 月在他去世之时正是我博士毕业答辩之际，没有来得及看望老领导一面，没有送老领导一程，成为我终身的遗憾。

马劭烈局长，我工作关键节点的提携者

著名作家柳青说过：人生的道路是很漫长的，但要紧处常常只有几步，尤其在人年轻的时候。在定西县官兴岔试点流域试点工作遇到困难

时，马劢烈局长一年三下定西，组织省、市、县行政、科技人员协作攻关，集体发力，创造性地开展了项目管理、技术创新等一系列工作。官兴岔项目产生的水土保持的技术路线、管理办法，成为水利部此后同类工作的范本，并走出国门推广到国外。

由我负责的"小流域地形小气候、土壤水分特征及治理措施对位配置研究"项目，以生态位理论为指导，在国内率先开展了植物生长发育所需的生态位与造林地环境资源所拥有的环境条件的适宜性配置研究。1988年项目鉴定验收时，由于涉及内容多、概念抽象、研究对象关系交织，导致项目名称长，主题不够鲜明等问题。在预备会议上，马局长组织与会专家集思广益，进行研究创新，最后采纳了兰州水保站牟朝相同志的意见，将"植物生长发育所需的生态位与造林地环境资源所拥有的环境条件的适宜性配置"浓缩为"治理措施对位配置研究"，使研究成果得到进一步的提炼和升华。

在定西重大水保工程实施的攻坚阶段，马劢烈局长带领水利部水土保持司原司长郭廷辅、段巧甫多次深入定西蹲点调研，有针对性地研究解决问题，将定西提出的"径流聚集工程"提高升华为《水土保持径流调控理论》的重要组成部分，径流调控理论成为我国小流域水土保持综合治理的四大理论支柱之一。我作为其中的一员，从学术技术的提高到各种奖励、荣誉的获得，是最大的受益者，我取得的一切成绩无不渗透着他的心血和汗水。

蔺含英处长，我改革创新的指路人

1993年4月，我被任命为定西地区水土保持试验站站长，开始了我艰难探索的行政管理工作，人生又进入了一个新的阶段。

记得在我上任前的1992年12月，定西市农委等六部门联合发文，将安家坡水保站9个科研事业单位改全额拨款为差额拨款，实行"包死基数，增人不增资，减人不减资"拨款管理制度。水土保持试验站1992年年底的情况是：财政拨款25.7万元，扣除工资，公务经费尚有2.8万元。但是1993年开始的工资改革，当年增资8.88万元，以后这样的增资每两年一次，每次都超过了10万元，地区财政始终分文不给。当时全站66个人的编制，加上离退休职工共86人要吃饭。为了职工队伍的稳定，为了水保事业的发展，上任的前五年我简直成了地委、行署的上访户，单位的工资问题也连续上了 5 次行署常务会，直到会议决定工资缺口由总站从事业经费中解决为止。所以，我常开玩笑说，我哪里是所长，是丐帮帮主！

争取到财政支持，仅仅解决了单位经费缺口的一个方面，另一个方面就是要按照国家科研体制改革的总要求，实现由科研事业型向科研服务型的转变。按照国家科研单位能级的划分，地市级的科研单位重点是开展应用技术研究服务于当地国民经济建设，在经费管理上是"分灶吃饭"。为探索科研事业单位科技体制改革的新路子，定西地区人事处将水保所列为试点单位之一，从此我结识了行政管理工作的良师益友——时任地区人事处蔺含英处长。

这期间，理顺管理机制，拓宽服务渠道，增加单位收入，完成科技体制改革试点工作，成为我行政工作的重中之重。在人事处和总站时任站长张铣站长的正确指导与大力支持下，为拓宽国内外联系渠道，1994年 2 月，经定西地区编委批准，将定西地区水土保持试验站更名为定西地区水土保持科学研究所；1996 年，在地委、行署的大力支持下，与地区科协协作成立了"定西地区集流节灌技术推广服务中心"；1999 年 9 月，经定西地区编委同意成立"定西地区生态环境建设项目规划设计院"（后更名为"定西市生态工程规划设计院"），水保所成为省内同行中第一家挂牌开展水土保持生态环境建设技术服务的科研事业单位，并先后取得了水土保持监测、水土保持方案编制、水土保持工程设计等相应资质。这一系列改革探索工作的开展，对以后单位争取规划设计、科技咨询、科技服务等项目起到了积极的促进作用，同时也培养了一大批应用型的科技人才。

特别令我感动和难以忘记的是，蔺含英处长十分关注水保所的改革试点工作，不仅派人指导、看文件、听汇报，还经常亲临现场视察调研，全面了解掌握改革发展的进展情况和产生的效果。有一次，在他治病出院的第一天，我陪同他视察与中国科学院水土保持研究所联建的野外试验基地，中午晴好的天气，下午突然忽风忽雨，时热时冷，使他虚弱的身体从此落下病根，至今还在折磨着他，我每每想起总是感到内疚和不安。在他指导下形成的科技体制改革方案，被甘肃省人事厅收入全省的经验汇编。在我调到兰州工作后，才发现许多单位，包括甘肃农业大学，都在实施着似曾相识的工资制度，这才觉得当初的工作心血没有白费，泪水没有白流。

六十年风雨前行，六十年薪火相传，六十年春华秋实。几个让我难忘的故事片段，对我和定西市水保所事业发展中起到重要作用的老领导和良师益友进行了碎片式的记录，以表达我对他们最真诚的感恩和敬意！还有许多同甘共苦、共同奋斗，为定西市水保所的发展做出贡献与牺牲的同事们，由于篇幅限制不能一一表达，只能借此机会送上我深深的歉意和美好的祝福！祝定西市水土保持科学研究所枝繁叶茂，硕果累累！祝定西的水保事业开拓创新，蒸蒸日上！

给自己营造一颗绿色的心

定西市水土保持科学研究所所长　陈瑾

水保所成立60年，作为经历了30多年水土保持事业的科技工作者，自己美好的年华，与水保所的发展紧密相连。在这个重要的时间节点，应该写一点文字，表示一下自己的良好祝愿。

可能已经有很多同事写了纪念文章，有的写发展历程，有的写感动我们的人和事。当然我也经历了让我感动的事，也有许多要感激的人。在我心中，都存在着一些美好。那就让这些美好珍藏在心中吧，在我老了的时候，独自回忆，也许还能安慰自己寂寞的心。思忖良久，我决定写点别的。题目叫"给自己营造一颗绿色的心"。

《定西日报》记者王长华在我们单位采访了两天，一路看，一路记。在《定西日报》发表了一篇报道，题目是"从'黄'到'绿'的见证"，我们的事感动了很多读者。我们是水土保持工作者，是黄土高原生态环境的建设者，我们的神圣使命就是要让黄土高原的山变绿。我们在营造着绿色，绿色在洗刷着我们的心灵。我在想，在营造绿色的时候，也要营造我们绿色的心。

什么是绿色的心？我以为，绿色的心是一种追求，是一种责任，是一种高尚的品德，是一种团结奋斗的良好修养，更重要的是一份爱。

一种追求，就是要有人生的目标。把人生奉献给生态环境建设事业，奉献给水土保持科学技术的进步。我们前辈的青春，全部都给了水土保持科技的试验研究和示范推广，足迹踏遍了黄土高原。定西市的土地上有他们的足迹、陇南有他们的足迹、甘南有他们的足迹、河西走廊的戈壁滩上有他们的足迹、董志塬上同样留下过他们的足迹。是他们的奉献，让走过的地方变绿，这也是他们的追求。

一种责任就是热爱自己的本职工作，热爱自己工作、学习、生活的团队。我们的前辈用他们实事求是的精神，和各县的同志们一道，打造了一大批具有典型示范作用的小流域。安家沟是精品流域、冯河是精品流域、里仁是精品流域、石家岔是精品流域、官兴岔是精品流域、九华沟是精品流域、长川是精品流域，等等，不胜枚举。共取得科技成果36项，其中达到国际先进水平5项，国内领先15项、国内先进12项、省内领先1项、省内先进2项；获国家实用新型专利1项；获省科技进步二等奖6项、三等奖3项，获地（厅）级科技进步一等奖5项、二等奖11项、三等奖8项；获市科技发明二等奖1项。在省级以上学术刊物发表科技论文138篇。这就是对责任和使命的完美诠释。

一种高尚的品德就是做肯奉献、有追求的科技工作者。科学研究来不得半点虚假，收集第一手资料，必须要有奉献精神。为自己的事业奉献自己，不求回报，潜心研究。

一种良好的修养就是光明磊落，堂堂正正做人，清清白白做事。古人云："处天下事，当以天下之心出之。"具有良好的修养，才能出实用的技术成果，才能给社会和自己的事业带来正能量。水土保持事业是人类永远的事业，我们不仅仅传播科技，也要为我们事业的接班人传授良好的品德，用良好的修养潜移默化地影响后来人。只有这样，我们的事业才能有好的接班人，我们的事业才能生生不息，造福万代。

一份爱就是爱自己的事业，爱自己的单位，爱自己的同事。国家培养了我们，我们就是生态环境建设技术的载体。为生态环境建设提供新的技术，就是我们的事业和职责所在。自己的单位造就了我们，我们责无旁贷地要建设好自己的单位，维护好自己的团队，单位就是我们的家。同事就是我们攻克科技难题的战友，也是我们的兄弟姊妹。把温暖的手伸出来，温暖他人的手，手拉手，肩并肩，才能走得稳，走得远。

"德是高的，心是诚的，爱是纯的，心永远是绿色的。"

从"黄"到"绿"的见证

《定西日报》记者　王长华

　　甘肃定西市水土保持科学研究所是甘肃省水土保持三大科研基地之一，是国家水土保持监测网络综合典型监测站所在地。1992年曾荣获"全国水土保持先进单位"称号；2009年荣获"全国水土保持监测先进单位"称号。60年来，该所完成的科技成果有多项达到国际先进、国内领先和国内先进水平。

　　2014年6月，水利部水土保持司司长刘震在定西调研时指出，定西的水土保持工作堪称全国的一面旗帜，在全国起到了典型示范的作用。

　　甘肃省省委书记王三运所强调的"四屏一廊"生态安全屏障和生态文明建设，就有三项与定西市有关。

　　在研究所下辖的安家沟流域，先后有9名博士和20名硕士完成了自己的博士、硕士论文。

　　研究所多年来进行的基础研究，为黄土高原丘陵沟壑区的水土流失治理和生态环境建设提供了大量的科学数据。该所的多项科技成果，通过大范围的推广应用，已经初显生态效益，改变了人们对"黄土高原是不毛之地"的习惯印象。他们用科学的数据说明，"再造秀美山川"，已经成为一个渐行渐近的"中国梦"。

　　驱车在定西市水土保持科学研究所观测站所在的龙滩流域行走，但见满目葱茏，一片生机盎然的景象。道路两旁，已被茂密的植被所覆盖。油松亭亭玉立、沙棘的叶缝中透出红色的浆果、柠条上结满了一串一串的籽粒，时不时有野兔从草丛中跑过，野鸡倒要从容得多，踱着步子，悠闲地在林地上觅食……如果不是在道路旁边靠近悬崖的断面上看到厚达十几米的黄土断层，真让人疑心，这里真的是黄土高原吗？多年来，人们对黄土高原的印象，就是满目黄色，寸草不生，干旱少雨，黄沙蔽日，草木都难以存活，人何以堪？但是，这里确实就是黄土高原的腹地，是典型的黄土高原丘陵沟壑区。触目所及，是一望无际的绿色，七沟八梁九道岭，处处都被草木所覆盖。而且，这样浓郁的绿色，一条条、一道道，明显地是人工栽植的结果。

"谁说黄土高原是不毛之地？到了这里，你才能深切感受到人类顽强的生存毅力，人们对优良生态和美好家园的呵护，以及人们和大自然的和谐！"水保科研所所长陈瑾说，"只要采取科学的工程措施，再加上合理的社会管理措施，再造秀美山川已经不是悬念！"

所谓的"科学的工程措施"，就是因地制宜，根据当地的气候条件，选择在当地适应性强的乔灌木，以及草本植物，合理栽植；所谓"合理的社会管理措施"，就是加强管理，精心管护，不要人为地破坏，坚持一段时间，黄土高原就会重新披上绿装！

而水保科研所一班人几十年如一日，所做的工作，就是通过长时间的连续观测，为"科学的工程措施"提供最基础的科学数据。

（一）

龙滩流域位于定西市安定区巉口镇，距定西市 30 km，流域面积 15.22 km^2，全部为水土流失区，地貌类型属黄土丘陵沟壑区第 V 副区。

龙滩流域观测场是"全国水土保持监测网络和信息系统建设二期工程"新建监测点，于 2010 年 8 月建成，由径流场和全自动气象站组成。

记者在现场看到，整个径流场建有 5 个标准小区，土地利用类型分别为乔木林油松、灌木林沙棘、草地（红豆草 / 苜蓿）、农作物（小麦）、荒地。

安家沟流域位于定西市安定区凤翔镇，该流域是黄河流域祖厉河水系关川河的一条小支沟，属黄土高原丘陵沟壑区第 V 副区，流域面积为 8.56 km^2。该流域是定西市水土保持科学研究所科研试验示范基地。

2005 年，水利部水土保持监测中心在安家沟流域设立综合典型监测站，这是全国水土保持监测网络和信息系统建设一期工程确定的 37 个监测点中的水蚀监测点之一。2007 年，安家沟流域和龙滩流域同时被水利部水土保持监测中心确定为全国水土保持监测网络和信息系统建设二期工程 738 个监测点之一，承担"全国水土流失动态监测与公告项目"一期和二期监测工作。

安家沟流域综合典型监测站监测设施由控制站、气象园、径流小区三部分组成。流域出口设控制断面 1 处，进行泥沙、径流观测；流域中心地带建有常规观测气象园 1 处；1986 年布设在同一小气候区域内的径流小区 15 个，小区土地利用现状分别为耕地、草地、荒地、乔木林油松、灌木林沙棘五种类型;截至目前,该流域共建有不同坡度、不同土地利用类型的监测小区 30 个。

科研人员利用现有的监测设施和设备进行科学监测,积累了大量的监测数据,为水土流失规律研究提供了翔实的第一手资料。

龙滩流域和安家沟流域内径流小区的主要功能是:通过观测小区的降水量、径流量以及土壤性状,分析相同坡度、坡长,不同作物经营管理方式和不同水土保持措施情况下,降雨对地面的侵蚀作用,为水土流失规律研究提供基础数据,为水利部水土保持监测中心提供监测数据,为全国水土保持监测、监督、管理与决策提供准确、可靠的基础数据。

水保科研所副所长李旭春介绍说,依托两个流域的监测设施、设备和已取得的基础资料数据,水保科研所积极与高等院校、科研院所开展科技合作、交流活动,先后与中国科学院生态环境研究中心、中国科学院水土保持研究所、兰州大学、甘肃省农科院、甘肃省林业科学研究院、甘肃农业大学、甘肃林业职业技术学院等单位开展合作,利用合作单位先进的设备,进行人工降雨下土壤侵蚀测验和研究,取得了许多水土流失方面的观测数据,延长了监测资料的序列,提高了监测科技含量。

"不要小看安家沟这个观测站,它可在我们的水保科研工作中立下了汗马功劳,从1983年到2013年这30年里,我们取得了30多项科技成果,其中达到国际先进水平 6 项、国内领先 12 项、国内先进 9 项、省内领先 2 项、省内先进 2 项;在水土保持综合治理措施对位配置、雨水利用等方面,水保科研所的研究可谓成效显著,我们独立完成的《小流域地形小气候、土壤水分特征及治理措施对位配置研究》,开创了小流域综合治理措施系统研究和配置方面的先河;完成的《人工汇集雨水利用技术研究》,为甘肃省'121'雨水利用工程所大面积采用。"李旭春进一步介绍说。

(二)

定西市是全省水土流失最严重的地区之一。近年来,在全市人民的共同努力下,生态环境得到了很大的改善,但就整个生态系统而言,还十分脆弱,抗逆性还很差。同时,随着各类项目建设的开展,人为造成的水土流失和对生态环境的破坏,仍在加速。在此历史条件下,建设和保护生态系统的矛盾就显得非常突出,如何在目前这样新的大规模建设时期,解决破坏与保护、监督与治理的矛盾,作为定西唯一的水土保持科学研究所，任务将非常艰巨，将面临新的水土保持试验研究的内容和课题。

安家沟流域为水保科研所的科学研究基地，全流域共有野生植物 23 科，79 种，栽培植物 23 科，69 种。自然植被以禾本科、菊科、豆科等植物为主，有少量零星灌木分布。流域由两条主要侵蚀沟道切割，形成两沟、一梁、四面坡的地貌景观，整体地形由于在古代侵蚀的基础上又经历了长期的现代侵蚀，形成了切割严重的梁峁顶、梁峁坡、阶平、沟谷四大地貌类型。

从 1957 年起，水保科研所在安家沟流域开展了水文气象观测、土壤水分动态监测、坡面植被水土流失拦蓄效益监测、集流场的集流效率监测等科研工作。截至目前，已经积累了 30 年水土流失监测、径流实验、小流域地形小气候、土壤水分、水土保持工程措施、水土保持植物措施、水土保持耕作措施等方面的基础资料。这些资料数据在生态环境建设工程、小流域降雨径流机制研究、农田基本建设、水保林草建设、水利水保工程质量效益监测等项目中发挥了非常重要的作用。

1956 年，黄河中游水土保持综合考察队在安家沟进行了综合考察，制定了土地发展规划，开始了全面治理。

（三）

安家沟水库是在 1956 年 8 月建成的，这是定西第一坝，坝高 20.5 m，库容 35 万 m³，1957 年蓄水，水域面积近 100 亩，土坝外侧坡播种有柠条灌木林。1963 年 6 月 4 日，一场降雨量达 101.4 mm 的特大暴雨造成洪水翻坝，坝顶最大水深达 0.4 m，并持续了 50 min，在柠条林的保护下，土坝免遭溃决，这可算是土坝史上的一个奇迹。只是水库寿命只有 10 年，1967 年，整个库区淤平。现在已是一片沟坝地，长起了茂密的红柳灌木林。

"如果没有安家沟水库拦蓄洪水，1963 年的那场暴雨，不知会造成多么严重的后果，实在难以想象！从这个意义上说，包括安家沟水库在内的安家沟流域，就是今天定西市区的'生态屏障'！"水保所副所长、总工程师王小平如此评价道。

通过 60 年来的持续治理，安家沟流域的沟岔和河道内，已经基本被茂密的红柳灌木林和其他林草所覆盖。但不是所有的人都能够认识到生态屏障对于一座城市的重要性。

未雨绸缪，防患于未然，这些道理人人都懂，但总是有一些人，还是从一己私利出发，置起码的社会公德于不顾！

7月中旬以来，水保科研所正在为几件事"闹心"：工作人员发现，最近几天，有一辆工程车，装载着公路施工产生的建筑垃圾，多次倒入安家沟水库上方的安家沟流域，压折了一部分树木不算，还对流域场的植被造成了破坏。发现这一问题后，水保执法部门对这一涉嫌违法的车辆进行了暂扣。

其实，这样的事例多年来不胜枚举。

天定高速公路直接就在安家沟水库的坝顶上越过。坝址以上，已经成为一个"约定俗成"的建筑垃圾倾倒场。垃圾填埋了大坝的泄洪口，造成坝内洪水淤积，红柳灌木林被长时间浸泡在水里，已经有多株致死，只剩下干枯了的树枝。红柳本是耐旱耐盐碱的植物，让它泡在水里，不死才怪呢！而且，红柳的树干呈自然扭曲状，就被一些不法商人盗割去，制作成盆景和根雕。这几年，森林警察就破获了许多盗割红柳案。

而且，就在天定高速公路路基下方原来的坝址上，也是一个令人触目惊心的垃圾倾倒场。不仅有建筑垃圾，还有医疗垃圾。随意倾倒，散发着一股臭味。最为难堪的是，就在垃圾倾倒场的旁边，安家沟流域径流观测站就设置在这里！这个观测站已经被各种垃圾所包围！当工作人员去干涉垃圾倾倒者时，遭到的却是辱骂和威胁！

从事的是神圣的科学观测事业，造福的是众多的民众，面对的却是如此恶劣的工作环境！

这就是一个功勋卓著的科研机构，在近年来遭到了一系列的无奈和尴尬！

注：该文章原载于《定西日报》2014年7月25日第1版。

定西市水土保持科学研究所领导班子成员

参加定西市科技周宣传活动

陈利顶研究员检查安家沟流域径流小区运行情况

陈利顶研究员指导龙滩流域径流小区建设

甘肃农业大学林学院院长李广教授考察引种试验工作

定西市水土保持局副局长陈锡全检查建设项目水土保持方案落实情况

定西市水土保持局副局长许富珍检查流域综合治理工作

　　定西市水土保持局纪检组长张维德检查水土保持科研项目执行情况

　　定西市水土保持局总工程师陈怀东检查水土保持监测工作

"十一五"国家科技支撑课题"黄土丘陵沟壑区生态综合整治技术开发"试验区现状图

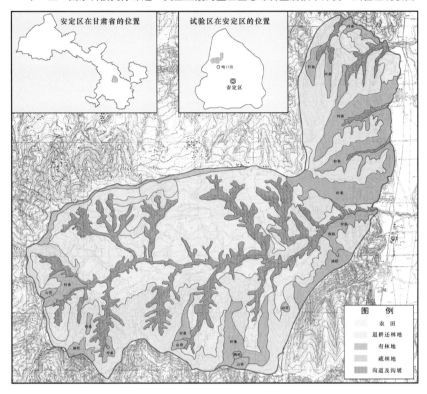

龙滩流域平面图

生态树种引种试验

诗情画意的安家沟流域

陇西县水土保持局开展科普活动